U0269030

# 深基坑变形控制设计及案例分析

王荣彦　许录明　张予强　王　刚　著

黄河水利出版社

·郑 州·

## 内 容 提 要

本书是作者20余年来对自己所从事的基坑工程领域里设计工作与设计经验的总结和提炼。本书内容包括基坑及周边环境的变形量估算,深基坑变形控制中的超前加固设计方法,基坑工程的概念设计和细部设计,基坑的降水、隔水与排水,施工过程控制与动态设计,基坑工程反分析。

本书具有较强的实用性和应用性,强调在科学和先进的岩土工程设计理论指导下基于工程实践的经验积累和总结,强调"面向条件和问题,提出方案和措施"的设计理念,对从事基坑工程勘察、设计、施工及大中专院校培养研究型工程师具有一定的指导和借鉴作用。

**图书在版编目(CIP)数据**

深基坑变形控制设计及案例分析/ 王荣彦等著. —
郑州:黄河水利出版社,2019. 4
ISBN 978 – 7 – 5509 – 2324 – 9

Ⅰ.①深…  Ⅱ.①王…  Ⅲ.①深基坑 – 变形 – 控制
Ⅳ.①TU46

中国版本图书馆 CIP 数据核字(2019)第 062671 号

出 版 社:黄河水利出版社
　　　　　地址:河南省郑州市顺河路黄委会综合楼 14 层
发行单位:黄河水利出版社
　　　　　发行部电话:0371 – 66026940、66020550、66028024、66022620(传真)
　　　　　E-mail:hhslcbs@ 126. com
承印单位:河南承创印务有限公司
开本:787 mm × 1 092 mm　1/16
印张:6
字数:198 千字
版次:2019 年 4 月第 1 版

网址:www. yrcp. com
邮政编码:450003

印数:1—1 000
印次:2019 年 4 月第 1 次印刷

定价:65.00 元

# 前　言

20余年来,基坑工程向规模大、基坑深、环境近,即所谓"大、深、近"的方向不断发展,随着城市用地日益紧张及对地下空间的使用要求越来越高,伴随着地下空间开发中基坑工程问题如基坑坍塌、涌水流砂及由此造成的对周边环境的不利影响和破坏也时有发生,轻则造成道路、管线、建筑拉裂,重则造成群伤群死事件。因此,在开发地下空间的同时如何有效地保护基坑周边环境成了摆在广大土木工作者面前的重大课题,基于解决基坑问题的基坑支护形式及基于工程实践衍生出的基坑设计理论也在不断发展。

早在2002年,徐杨青博士在《深基坑工程优化设计理论与动态变形控制研究》一文中提出基坑工程的概念设计和优化设计理论,提出面向问题和环境的基坑工程概念设计,提出基坑设计应从整体和全局把握。

2008年龚晓南教授指出,目前对基坑工程的设计方法有两种:基坑工程稳定(强度)控制设计和基坑工程变形控制设计。①基坑工程稳定(强度)控制设计:当基坑周围空旷,允许基坑周围土体产生较大变形时,基坑围护体系满足稳定性要求即可;②基坑工程变形控制设计:当基坑紧邻市政道路、管线、周围建(构)筑物,不允许基坑周围地基土体产生较大的变形时,基坑围护设计应按变形控制设计。它不仅要求基坑围护体系满足稳定性要求,还要求基坑围护体系的变形小于某一控制值。当然按变形控制设计不是愈小愈好,也不易统一规定。龚晓南教授又提出,现有规范、规程、手册及设计软件均未能从理论高度加以区分。我国已有条件推广根据基坑周边环境条件采用按稳定控制设计还是按变形控制设计的设计理念。

事实上,目前基坑开挖的规模不断扩大、深度不断增加,在闹市区基坑工程的周边环境也越来越复杂,这些都对基坑变形控制提出了越来越严格的要求。大量实践表明,有些基坑工程尽管支护结构未发生破坏,但是由于支护体变形过大或周边地面沉降过大,导致周边建(构)筑物开裂、管线破坏等重大经济损失或造成严重社会影响。当基坑周边环境复杂时,基坑强度设计和稳定性问题仅是必要条件,大多数情况下应按照变形控制设计,因此在复杂环境条件下,对基坑工程的设计要从传统的强调强度控制设计转向强调基坑工程的变形控制设计。

基于针对复杂环境条件及高水位地区的这一设计理念,10年来作者进行了深入探索。2012年作者结合多年工程设计和施工经验,提出了复杂环境条件下深基坑的变形控制设计的概念和含义,从六个方面提出把握基坑变形控制设计的具体内容。最近几年,作者又将这些观点和认识有意识地应用到大量基坑工程的设计和施工中,从中不断提炼和总结,逐渐形成目前的"面向条件和问题,以概念设计为指导,超前介入、过程控制(统筹挖土、支护、降水、施工)和动态设计"的基坑变形控制设计理念。

全书共分八章,由王荣彦统一筹划。第1章概述,由王荣彦、许录明、杜明芳撰写;第2章深基坑变形控制设计的含义和内容,由王荣彦撰写;第3章基坑及周边环境的变形量估算,由杜明芳、王江锋、王刚撰写;第4章基于超前加固的深基坑变形控制设计技术,由许录明、张予强、王刚撰写;第5章基坑工程的概念设计和细部设计,由王荣彦、许录明撰写;第6章基坑的降水、隔水与排水由汪向丽、张予强、王江锋撰写;第7章施工过程控制与动态设计由张予强、汪向丽、王刚撰写;第8章基坑工程反分析由汪向丽、王荣彦、王江锋撰写。各章初稿完成后由王荣彦、杜明芳对全书统一修改和定稿。汪向丽、吴爱君、孙豫负责编排和校对。

　　本书是作者20余年来对自己所从事的基坑工程领域里设计工作与设计经验的总结和提炼,在工作和成书过程中,在不同场合、不同时段的交流中得到了省内外大师、前辈的教育和指导,在与省内外专家、技术人员交流中也得到了很多启示和提醒,同时在与省内外同行的交流中也得到了许多技术支持和资料支持,其中引用的一些案例和资料限于条件不能一一标明,在此一并表示感谢。

　　技术经验和技术观点的积累并非一朝一夕所能完成的,加上作者水平所限,书中尚有很多不足之处,敬请广大读者批评指正。

**作　者**

2019 年 2 月

# 目　录

# 1 概 述

## 1.1 基坑工程的特点

进入20世纪80年代,伴随着我国改革开放的步伐,城市中涌现出大量的(超)高层建筑、地铁、地下商场等,与之相应的深基坑工程也越来越多,并向大深度、大规模的方向发展。基坑深度由通常的10 m以内发展到20~30 m甚至以上。纵观基坑工程的发展,具有以下特点:

(1)随着城市用地紧张,建筑趋向高层化,对地下空间的利用效率更高,地下室层数多,基坑开挖深度大,同时基坑开挖面积也变大,基坑工程具有"深、大、紧、密"的特点,使得对支护系统的设计要求更高。

(2)具有地域性特点。每个场地的工程地质条件和水文地质条件千差万别,直接影响到基坑支护、降水方案的选型。

(3)制约因素多样。基坑工程不仅与当地的工程水文地质条件有关,还与基坑相邻建(构)筑物及市政地下管网的位置、抵御变形的能力、重要性等密切相关,同时要考虑到气象和施工因素(如挖土、打桩)等。因此,基坑工程更强调因地制宜,概念设计。

(4)基坑工程属于系统工程,包括挖土、支护、降水、基础浇筑等多项工作内容,工序复杂、交错,协调难度大。

(5)基坑工程具有明显的时空效应。土体的流变性及基坑的深度和平面形状对基坑围护体系的稳定和变形有较大的影响。

(6)出现各类基坑支护方式,强调岩土与结构结合,具有设计方法多样性的特点。

(7)计算理论不完善,计算模型多样,设计方法不完善。强调变形监测与动态设计相结合。

## 1.2 基坑工程设计原则

### 1.2.1 基本设计原则

(1)安全可靠。基坑工程的作用就是为地下工程的施工创造安全空间,满足支护结构体本身强度、稳定性、变形的要求。同时,保证周边环境的安全和正常运营,周边环境包括相邻的地铁、隧道、管线、建(构)筑物、地下洞室、地下商场等公共建筑。

(2)经济合理。在确保基坑本身和环境条件安全可靠的前提下,从工期、造价、材料、设备、人工、环境保护等方面综合分析确定具有明显技术经济效益及环境效益的方案。

(3)施工便利并保证工期。在安全可靠、经济合理的前提下,最大限度地满足方便施工和缩短工期的要求。

### 1.2.2 设计依据

(1)国家有关法律法规及规定。
(2)国家及地区的有关规范及规程。
(3)场地岩土工程勘察报告。
(4)周围环境条件及有关限制条件资料。
(5)主体结构设计资料。

### 1.2.3 支护结构设计时应采用下列两类极限状态

按照文献[1],支护结构设计时应采用以下两类极限状态:

#### 1.2.3.1 承载能力极限状态

对应于支护结构达到最大承载力或土体失稳(隆起、倾覆、滑移或踢脚)、过大变形导致支护结构或基坑周边环境破坏、止水帷幕失效(坑内出现管涌、流土)等,属于承载能力极限状态。

#### 1.2.3.2 正常使用极限状态

包括以下四种状况:

(1)造成基坑周边建(构)筑物、地下管线、道路等的损坏或影响其正常使用的支护结构位移。
(2)造成基坑周边建(构)筑物、地下管线、道路等的损坏或影响其正常使用的土体变形。
(3)影响主体地下结构正常施工的支护结构位移。
(4)影响主体地下结构正常施工的地下水渗流。

### 1.2.4 基坑工程方案选型应遵循的原则

#### 1.2.4.1 基坑支护设计

以"基坑设计三要素"为基本点,进行基坑支护设计,所谓"基坑设计三要素"即基坑深度、场地地质及地下水条件和周边环境条件。

1. 基坑深度

这里包括基坑四周不同地段处的深度、局部地段的深度、坑中坑的深度等。

2. 场地地质及地下水条件

场地地质及地下水条件包括:

(1)当基坑侧壁存在杂填土、软土、砂土等情况时,应考虑确定不同的放坡坡度及支护选型。
(2)场地是否存在地下水或其他类型水,如常见的潜水、承压水、浅层土体的上层滞水、管道渗漏水等,它们的存在不但决定了如何进行降水、排水和止水,还直接影响基坑场地的安全与否。

3. 场地环境条件

基坑工程环境调查范围一般指不小于基坑开挖深度 2 ~ 3 倍的范围。临近地铁、隧道工程或有特殊要求的建设工程,应按有关规定执行。同时,对基坑影响范围内可能受影响的相邻建(构)筑物、道路、地下管线等,必要时应拍摄影像,布设标记,做好原始记录并进行跟踪监测。基坑工程环境调查一般包括下列内容:

（1）查明影响范围内的建（构）筑物结构类型、层数、距离、地基基础类型、尺寸、埋深、持力层、基础荷载大小及上部结构现状。

（2）查明基坑及周边2~3倍基坑深度范围内存在的各类地下设施，包括供水、供电、供气、排水、热力等管线或管道的准确位置、材质和性状及对变形的承受能力，管线漏水情况等。

（3）查明拟建、已建（如地铁等）及同期施工的相邻建设工程基坑支护类型、开挖、支护、降水和基础施工等情况。

（4）查明场地周围和邻近地区地表水汇流、排泄情况，地面、地下贮水、输水设施的渗漏情况以及对基坑开挖的影响程度。

（5）查明场地周围有无广告牌、电线杆、围墙等，距离远近，基础形式，拆除还是加固；钢筋等材料的堆放场地，荷载取值。

（6）查明基坑距四周道路的距离及车辆载重情况以及其他动荷载情况、出土坡道选择位置、塔吊位置、是否加固等。

（7）调查基坑及周边2~3倍基坑深度范围内存在的可能影响基坑稳定性的不良地质作用。

（8）坑中坑环境条件的调查：明确当时坑中坑的设计条件、荷载条件及建（构）筑物条件的调查。

## 1.2.4.2 方案选型阶段强调概念设计的原则

### 1. 概念设计的由来

综合有关文献，多年来，我国很多地区的大量工程设计经验和基坑事故表明，影响基坑工程设计的不确定因素很多，比如影响基坑设计的三个基本要素、施工因素（挖土机超挖问题、施工设备及施工工艺、坑内基础施工因素、降水影响等）、自然因素（如突发的大暴雨）等；另外，现行的结构设计方法与计算理论存在许多缺陷或不可计算性，都存在一定的假定条件。因此，多因素综合作用下要做好基坑工程设计，必须采用多种工程措施并结合使用才能较好地解决问题，同时每一种工程措施既有合理性也有局限性，且有多种选择方法。如何对这些可选的单项治理措施进行取舍，必须结合实际的工程条件，通过设计条件的概化，根据治理工程措施的适宜性、有效性、可操作性、经济性等多方面因素综合确定。这种对确定基坑工程的整体方案、单项工程措施以及相关的关键细部结构等的论证设计过程即是"概念设计"的工作范畴，明确"概念设计"的工作理念往往决定着整个基坑工程的成败。

人们在总结大量基坑工程灾害的经验中发现：如何选取技术可行、经济合理、安全可靠的治理方案和技术方法成为能否实现有效治理基坑工程事故的关键。它着眼于对影响基坑的设计条件、设计要素的综合分析，既能够把握本质和关键进行宏观控制，又兼顾关键部位的细部结构设计，因地制宜，精准设计。而概念设计往往结合已有的成功工程经验，并辅助计算方法和有关试验手段等，能更好地体现安全可靠与经济适用相结合的设计原则。因此，"概念设计"比"计算设计"更加重要。

要把基坑工程概念设计的含义说清楚，有必要对"概念""设计""概念设计"及"岩土工程概念设计"等进行简要论述。

1）"概念"的含义

概念是一种逻辑思维的基本形式之一。反映客观事物的一般的、本质的特征，把所感觉到的事物的共同特点抽出来，加以概括，就形成概念。比如"白雪、白马、白纸"的共同特点就是"白"。

2)"设计"的含义

在正式做某项工作前,根据一定的目的要求,预先制定的方法、图纸等。

3)"概念设计"的含义

从以上的定义来看,所谓概念设计,就是对某类工程的共同特征进行归纳总结,形成对某类工程的看法或者处理意见,并以此观点或意见形成预先的处置方法或图纸,对该类工程的解决或处理进行指导。

4)"岩土工程概念设计"的含义

个人认为,岩土工程概念设计是以场地具有的岩土工程条件(含环境条件)和岩土工程问题为研究对象,以现有岩土工程理论和岩土工程设计方法为指导,对某一地区多年来的勘察设计经验进行归纳、总结和提炼,将其共同特征进行概括、总结,形成具有指导意义的能够有效解决当地岩土工程问题的经验、观点或方法等。

顾宝和大师[1]指出:"岩土工程概念设计"已成为岩土工程界的共识。他认为,设计原理、计算方法、控制数据(岩土体参数)是岩土工程设计的三大要素。其中,设计原理最为重要,是概念设计的核心。掌握设计原理就是掌握科学概念。概念不是直观的感性认识,不是分散的具体经验,而是对事物属性的理性认识,是从分散的具体经验中抽象出来的科学真理。我们学习科学知识,最重要的就是学会掌握这些概念。解决工程问题时,概念不清,往往只见现象,不见本质,凭直观的局部经验处理问题。概念错了,可能犯原则性的错误;而概念清楚的人,能透过现象,看到本质,能够举一反三,能自觉地将设计理论和设计经验相结合。就岩土工程设计而言,力学原理、地质演化的科学规律和岩土性质的基本概念、地下水的渗流和运动规律及岩土与结构的共同作用等,都是我们常用的科学原理。

2.基坑工程的概念设计

基坑工程概念设计是岩土工程概念设计的一个亚类。基坑工程的概念设计也是思路设计(或者路线图设计),是一种设计理念,是建立在正确理论基础上的对已有的工程在基坑工程选型方面的设计经验进行总结并有效指导类似工程设计的一种设计理念,强调以场地存在的岩土工程问题为导向,以当地已有的成熟的岩土工程设计经验为指导,面向"条件和问题"(各类岩土工程地质条件和岩土工程问题),通过各种勘察手段的运用,取得各类岩土工程资料和参数,再通过严密的统计、计算和分析,提出合适的岩土工程设计方案和岩土工程治理措施的过程。

编者认为,要做好基坑工程的概念设计,至少应包括以下几点:

(1)强调对基坑工程设计"三要素"的深刻把握和了解。

(2)在深刻把握当地地质条件基础上,必须对当地成功的基坑设计经验进行总结和深化,同时对已有失败的工程案例进行消化吸收,用经过检验、不断优化的地区经验指导具体工程的设计。

(3)强调要及时引进、消化、吸收先进设计理念、先进设计方法、先进技术和先进工艺,及时补充到当地取得的成功的经验中。

3.要做好基坑工程概念设计重点关注的内容

结合多年来的工程设计经验,有以下几点值得注意:

(1)城市红线意识越来越强烈,原来常用的外拉型的桩锚结构逐步向桩撑支护结构的趋势发展。

（2）砂土基坑设计问题。

大量砂土工程的工程设计及实践表明，砂土基坑自立性差，坡度太陡，极易发生坍塌事故，因此当场地环境条件允许放坡时可考虑优先放坡；当不允许放坡时，必须采用刚度较大的支护形式。

（3）水泥土搅拌桩墙与桩间土处理问题。

在软土及砂土地区，即使不需要水泥土搅拌桩墙做止水帷幕，还应考虑利用水泥土搅拌桩墙对桩间土的保护和加固作用，即在软弱土及砂土基坑中要做水泥土搅拌桩墙对桩间土进行加固，对控制基坑桩间土流失、坍塌及防止地面大幅沉降效果显著。

（4）软土地区锚索施工引起的附加沉降及支护桩选型不当对紧邻建构筑物的破坏问题。

对软弱土基坑，当采用锚索施工时，会对地面造成较大的附加沉降，影响较大。在淤泥质土、软弱土及砂性土基坑中应重视大直径旋喷锚索的使用。

（5）在软弱土或"类软土"基坑坑底进行 CFG 桩施工时会引起支护体系产生大幅度变形及相应的地面沉降，应妥善安排不同工序的施工时间。

（6）坑中坑的设计及施工工序设计。

当深、浅坑很接近（如常见的一层地下室与二层地下室的结合部位），一般先做深坑再做浅坑，如图 1-1 所示。但当浅坑附近基础已做好，进行深坑设计时，应考虑以下情况：

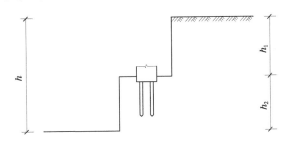

图 1-1　深、浅坑（坑中坑）设计示意图

①考虑已有浅坑附近的附加荷载对深坑的影响。

②同时考虑深基坑放坡的可行性（施工的可行性）及支护体系的不同选型对已有浅坑永久建筑物的不利影响。

③对浅坑附近的邻近建筑物应进行变形监测，确保邻近建筑的正常使用。

（7）重视绿色环保、节约资源及可回收技术。

如近年来得到一定使用的可回收锚索、可回收型钢等。

### 1.2.4.3　对复杂环境条件的基坑变形控制设计的原则

龚晓南[2]教授认为，目前对基坑工程的设计方法有两种：

（1）基坑工程稳定控制设计。当基坑周围空旷，允许基坑周围土体产生较大变形时，基坑围护体系满足稳定性要求即可。

（2）基坑工程变形控制设计。当基坑紧邻市政道路、管线、建（构）筑物，不允许基坑周围地基土体产生较大的变形时，基坑围护设计应按变形控制设计。这种情况下不仅要求基坑围护体系满足稳定性要求，还要求基坑围护体系的变形小于某一控制值。而按变形控制设计不是愈小愈好，也不易统一规定。龚晓南[2]教授又提出，现有规范、规程、手册及设计软件均未能从理论层面加以区分。我国已有条件推广根据基坑周边环境条件采用是按稳定控制设计还是按变形控制设计的设计理念。

2012年,王荣彦[4]结合自己多年的设计经验和工程实践,针对高水位地区复杂环境条件下的深基坑,提出进行变形控制设计的设计理念,具体内容详见第2章及有关章节。

#### 1.2.4.4　概念设计与细部设计结合的原则

有了正确的概念设计,只是路线图设计,尚处在方案选型阶段,只是方案设计的第一阶段,接下来需要对选定的方案进行全面详细的细部设计,具体的细部设计内容详见本章1.5.2部分。二者必须有效结合才能设计出符合现场实际条件的基坑设计方案。

# 1.3　基坑工程的设计条件

## 1.3.1　主体结构的设计资料

1.3.1.1　设计资料包括建筑总平面图、各层建筑结构平面图及基础结构设计图。

1.3.1.2　应有所在场地的岩土工程勘察报告,明确场地工程地质条件和水文地质条件。如建筑场地及其周边、地表至基坑底面下一定深度范围内地层结构、土(岩)的物理力学性质、地下水分布、含水层性质、渗透系数和施工期地下水位可能的变化等资料。

1.3.1.3　明确的场地周边环境条件说明。

(1)建筑场地内及周边的地下管线、地下设施的位置、深度、结构形式、埋设时间及使用现状。

(2)邻近已有建筑的位置、层数、高度、结构类型、完好程度、已建时间、基础类型、埋置深度、主要尺寸、基础距基坑侧壁的净距等。

(3)基坑周围的地面排水情况,地面雨水、污水、上下水管线排入或漏入基坑的可能性及其管理控制体系资料等。

## 1.3.2　明确场地荷载条件及其取值

据高大钊[5]提出的将地表集中荷载折算成均布超载时有如下取值建议:

(1)繁重的起重机械。距离支护结构1.5 m内,按照60 kPa取值;距离支护结构1.5～3 m内,按照40 kPa取值。

(2)轻型公路。按照5 kPa取值。

(3)重型公路。按照10 kPa取值。

(4)铁道。按照20 kPa取值。

据机械工业部设计研究院文献[6],在对多层与高层建筑均布荷载取值方面又提出了如下建议(见表1-1)。

表1-1　多层与高层建筑均布荷载取值一览表

| 结构类型 | 墙体材料 | 自重(kPa) |
|---|---|---|
| 框架 | 轻质墙 | 8～12 |
|  | 砖墙 | 10～14 |
| 框架－剪力墙 | 轻质墙 | 10～14 |
|  | 砖墙 | 12～16 |
| 剪力墙 | 混凝土 | 14～18 |

(5)地面超载与施工荷载。坑外地面超载取值不宜小于20 kPa;当坑外地面为非水平

面,或者有施工荷载等其他类型荷载时,应按实际情况取值。

(6)影响区范围内建(构)筑物荷载影响。

目前国家及行业规范尚没有明确。但文献[7]中对邻近基坑侧壁的既有建筑为复合地基及桩基础(见图1-2)时,分别进行了如下有关规定,且近年来也在河南地区进行了相关应用,效果可行,可以作为相关工程的参考。

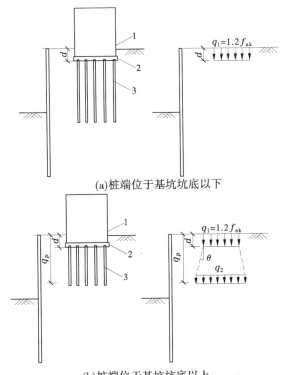

(a)桩端位于基坑坑底以下

(b)桩端位于基坑坑底以上

1—主体结构;2—筏板基础;3—桩基础

**图1-2  邻近基坑侧壁的既有建筑物的附加应力值选用**

①对刚性桩复合地基,作用于既有建筑土体的超载值 $q_1$ 可按基底天然地基承载力特征值的 1.2 倍选用。当桩端位于基坑坑底以下时,可不考虑桩端平面处的超载值;当桩端位于基坑坑底以上时,桩端平面处的超载值 $q_2$ 可按照应力扩散法计算得到的附加应力值选用(见图1-2)。

②邻近建筑为桩基础时,作用于既有建筑基底的超载值 $q_1$ 可按基底天然地基承载力特征值的 0.1~0.2 倍选用。当桩端位于基坑坑底以下时,可不考虑桩端平面处的超载值;当桩端位于基坑坑底以上时,桩端平面处的超载值 $q_2$ 可按照应力扩散法计算得到的附加应力值选用(见图1-2)。

③对水泥土桩、高压旋喷桩等半刚性桩复合地基或者散体材料桩复合地基,可将基底处的附加应力作为超载值选用。

(7)邻近基础施工、基坑开挖的影响。

(8)明确场地红线条件。

现在国内许多地区已有明文规定:围护结构不得超越红线。设计单位进行支护结构的选型时,应严格按照要求进行设计。

(9)明确基坑设计使用年限。

基坑支护设计应规定其使用年限,一般基坑支护的设计与使用年限不应小于一年。超过使用期后应重新对基坑安全进行评估。

# 1.4 基坑工程安全等级和设计等级

## 1.4.1 基坑工程安全等级

基坑工程安全等级的确定比较复杂,一般根据基坑周边环境情况、破坏后果、基坑深度、工程地质和地下水条件等划分。但各地规范划分标准不一。如文献[7]中基坑侧壁安全等级和重要性系数 $\gamma_0$(见表 1-2)。

表 1-2　基坑侧壁安全等级和重要性系数 $\gamma_0$

| 安全等级 | 破坏后果 | $\gamma_0$ |
|---|---|---|
| 一级 | 支护结构破坏、土体失稳或变形过大对基坑周边环境及地下结构施工影响很严重 | 1.1 |
| 二级 | 支护结构破坏、土体失稳或变形过大对基坑周边环境及地下结构施工影响一般 | 1.0 |
| 三级 | 支护结构破坏、土体失稳或变形过大对基坑周边环境及地下结构施工影响不严重 | 0.9 |

## 1.4.2 基坑工程设计等级

根据文献[8],基坑工程设计等级也应根据基坑周边环境情况及破坏后果、基坑深度、工程地质和地下水条件等综合确定,一般将基坑工程设计等级分为以下三级:

(1)设计等级为甲级:位于复杂地质条件及软土地区的二层及二层以上地下室的基坑工程;开挖深度大于 15 m 的基坑工程、周边环境条件复杂、环境保护要求高、基坑采用支护结构与主体结构相结合的基坑工程。

(2)设计等级为丙级:基坑开挖深度小于 7 m 且地质条件简单、场地开阔时的基坑工程。

(3)除甲级和丙级外的基坑工程,设计等级均为乙级。

# 1.5 设计内容

## 1.5.1 基坑设计前应收集的资料

(1)岩土工程勘察报告(包括水文、地质、气象条件等)。

(2)邻近建(构)筑物和地下设施的类型、分布、结构特征、基础类型和埋深及变形要求等。

（3）与本工程有关的资料,如用地界线和红线图、邻近地下管线、建筑总平面图;地下结构平面图和剖面图、拟建建筑物基础类型以及是否先期施工等。

（4）基坑开挖和支护期间是否有相邻建筑物施工,其施工方法、施工工艺与基坑工程的相互影响。

（5）工期、质量、经济等方面的业主要求。

## 1.5.2　基坑工程设计内容

基坑工程设计应包括以下内容:

**1.5.2.1　基坑支护结构均应进行承载能力极限状态的计算,具体要求如下:**

（1）根据基坑支护形式及其受力特点进行土体稳定性计算。

（2）基坑支护结构的受压、受弯、受剪承载力计算。

（3）当有锚杆或支撑时,应对其进行承载能力计算和稳定性验算。

**1.5.2.2　当基坑周边有建（构）筑物、道路、地下管线、地下构筑物时设定变形值并对基坑周边环境及支护结构变形进行验（估）算。**

**1.5.2.3　地下水控制计算和验算,主要包括以下内容:**

（1）抗渗透稳定性验算。

（2）基坑底突涌稳定性验算。

（3）根据支护结构设计要求进行地下水控制计算。

**1.5.2.4　施工监测,包括对支护结构的监测和周边环境的监测。**

**1.5.2.5　文件组成。**

一份完整的基坑支护设计书由设计总说明、支护降水、结构平面图、结构剖面图和细部构造图、设计计算书等组成,应做到图文并茂,相得益彰。具体内容如下:

（1）工程概况:主要包括位置、基坑规模、深度、坑中坑情况、地下特征等。

（2）场地地质条件、水文地质条件和场地环境条件。

（3）支护结构方案比较和选型。

（4）支护结构强度、稳定和变形计算内容。

（5）降水或止水方案。

（6）挖土方案设计。

（7）施工工序设计。

（8）监测方案。

（9）各类应急措施等。

其中,附图及附件包括:

（1）基坑周边环境分布图。

（2）基坑支护平面图。

（3）基坑降水平面图。

（4）基坑监测平面布置图。

（5）细部设计构造图。

（6）各类支护剖面图。

（7）各类支护和降水计算书、腰梁计算书。

（8）基坑周边环境调查报告书。

（9）基坑工程专项勘察报告。

（10）专项抽水试验报告。

## 参 考 文 献

［1］顾宝和,毛尚之,李镜培. 岩土工程设计安全度［M］. 北京:中国计划出版社,2009.

［2］龚晓南. 深基坑工程实例［M］. 北京:中国建筑工业出版社,2008.

［3］葛华,刘汉超,许强. 滑坡防治工程概念设计方法探讨［J］. 水文地质工程地质,2006(2).

［4］王荣彦. 复杂环境条件下高水位地区深基坑变形控制设计探讨［J］. 探矿工程,2012,39(4):12-14.

［5］高大钊. 深基坑工程［M］. 2 版. 北京:机械工业出版社,2002.

［6］机械工业部设计研究院. 多层与高层建筑结构设计技术［R］. 1993,9.

［7］河南省住房和城乡建设厅. 河南省基坑工程技术规范:DBJ 41/139—2014［S］. 北京:中国建筑工业出版社,2014.

［8］中华人民共和国住房和城乡建设部. 建筑基坑工程技术规程:JGJ 120—2012［S］. 北京:中国建筑工业出版社,2012.

# 2 深基坑变形控制设计的含义和内容

## 2.1 目前研究现状

本书所说的复杂环境条件是指在小于 $0.5H(H$ 指基坑深度) 内有建(构)筑物、道路、管线等需要采取工程措施加以保护的;所说的高水位地区是指地下水位在基坑深度以上,需要采取降水或止水措施以确保基坑挖土、基础施工的安全和正常进行;所说的深基坑是指基坑深度一般为 5.0 m 以上。

1996 年,侯学渊、杨敏[1]撰写的"软土基坑支护结构的变形控制设计"一文,较早提出了基坑工程按变形控制设计的设计理念。

1999 年,北京工业大学张钦喜等[2]提出基坑工程变形控制设计包括变形预测分析、动态设计及变形控制技术三个核心内容。变形控制设计是对支护结构在设计使用条件下的变形规律及趋势做出预测分析;动态设计是变形控制设计的核心,所谓动态设计,即将设计置于时间和空间的动态过程中,随施工过程中信息的采集与反馈,对原设计做必要的调整,其实质是伴随信息的丰富和完备,不断地进行更高层次的方案优化过程;控制目标所涉及的范围除支护系统自身外,还应包括开挖影响区域内的其他有关物体,如邻近的管线、建(构)筑物等。总体来说,变形控制设计是与支护结构服务有效期这一特定时域相关联的,即具有时效性。

传统的基坑支护结构设计通常采用强度和稳定控制的设计方法,以保证支护结构的安全和稳定为目标。但随着基坑深度的加大、环境条件的复杂化,对基坑的支护设计已由单一的强度和稳定控制要求发展到不但要保证支护结构的安全和稳定,还要求保证基坑周边建(构)筑物的变形不能过大,不能影响其正常使用。因此,对基坑的变形控制设计理念应运而生。

2002 年,徐杨青[3]在"深基坑工程优化设计理论与动态变形控制研究"一文中提出了基坑工程的概念设计和优化设计理论,如面向问题和环境的基坑工程概念设计;从整体和全局把握,分区分段,轻重结合,通盘考虑支护降水和施工过程设计理念。

2003 年,吕三和[4]以基坑支护变形控制为主线,分析了基坑支护结构的变形及其影响因素,讨论了支护结构变形控制设计的基本原理和设计方法,并运用神经网络法对基坑变形(基坑水平位移、垂直沉降与基底隆起)进行了预测。

2006 年,唐梦雄等[5]强调用理论研究、数值分析及实测分析等综合方法进行深基坑工程变形控制,并提出了基坑变形、建筑物和地下管线变形的计算理论和计算方法。

2008 年,王文东等[6]结合上海地区的设计施工经验,提出了敏感环境条件下深基坑工程的设计方法,包括对周边环境位移的预估、时空效应设计、分区施工与动态施工、预加固措施、支护结构与主体结构结合的设计方法。

2008 年,龚晓南[7]指出,目前对基坑工程所采取的设计方法有两种:①基坑工程稳定控制设计:当基坑周围空旷,允许基坑周围土体产生较大变形时,基坑围护体系满足稳定性要求即可;②基坑工程变形控制设计:当基坑紧邻市政道路、管线、周围建(构)筑物,不允许基坑周围地基土体产生较大的变形时,基坑围护设计应按变形控制设计。

该设计方法不仅要求基坑围护体系满足稳定性要求,还要求基坑围护体系的变形小于某一控制值。而且,按变形控制设计不是越小越好,也不易统一规定。龚晓南教授[7]又提出,现有规范、规程、手册及设计软件均未能从理论高度加以区分。我国已有条件推广根据基坑周边环境条件采用按稳定控制设计还是按变形控制设计的设计理念。

事实上,目前基坑开挖的规模不断扩大、深度不断增加,在闹市区基坑工程的周边环境也越来越复杂,这些都对基坑变形提出了越来越严格的要求。大量实践表明,有些基坑工程尽管支护结构未发生破坏,但是支护体系变形过大或周边地面沉降过大,导致周边建(构)筑物开裂、管线破坏等重大经济损失或严重的社会影响。因此,当基坑周边环境复杂时,基坑强度设计和稳定性问题仅是必要条件,大多数情况下的主要控制条件是变形问题,这就要求我们对基坑工程的设计要从传统的强调强度控制转向强调基坑工程的变形控制设计。

综上所述,到目前为止,现有研究分别从深基坑支护设计理论、设计方法、设计计算、变形控制标准、施工开挖过程、变形监测、应急措施研究及反演分析等方面就各自的研究领域针对"基坑变形控制设计"这一设计理念进行有关分析、研究、探讨和论述。但都缺少对"深基坑变形控制设计"这一命题的概念和含义的论述,对其包括的具体内容也不够全面。

2012年,王荣彦[8]在总结以往文献的基础上结合自己多年工程设计和施工经验,提出了复杂环境条件下高水位地区深基坑的变形控制设计的含义,并从六个方面把握变形控制设计的丰富内涵。近几年,随着对一些实际问题的接触和思考及认识问题的不断深入,又增加了一些相关内容。

# 2.2　深基坑变形控制设计的含义和内容

## 2.2.1　基坑工程变形控制设计的含义

什么叫基坑工程变形控制设计?综合相关文献,笔者试做如下解释:所谓变形控制设计,是一种设计理念,是指在充分考虑基坑深度、地质条件(含地下水条件)、环境条件及场地红线条件、荷载条件、施工工序等的基础上,以周边环境允许变形值为控制指标,合理确定其变形控制量。在变形验(估)算基础上,以确保支护结构体满足强度和稳定为前提,通盘考虑支护方案及施工工序、地下水控制、挖土方案等,在经济、技术对比前提下对方案进行选型和优化,并确定合适的选型方案,在此基础上再进行细部设计的过程。同时,在方案实施过程中实行动态设计,以确保基坑变形对周围道路、地下管线、建(构)筑物不产生过大影响,不影响其正常使用为目的的综合设计过程。

## 2.2.2　基坑工程变形控制设计的内容

从以上表述内容来看,复杂环境条件下基坑工程变形控制设计至少应包括以下六项内容:

(1)明确基坑工程及周边环境的变形量要求。

(2)对支护结构和保护对象进行变形预测分析与估算,当不满足目标值要求时进行超前加固设计。

（3）基坑工程的概念设计和细部设计。包括面向岩土工程问题的方案选型,强调概念设计和专家决策;在对方案合理选型的基础上面向技术和经济的结构构造设计即细部设计;面向施工过程的动态设计三部分内容。

（4）基坑的地下水控制方案。包括降水、排水和选择合理的止水帷幕及有效的桩间土保护措施,以避免发生大的基坑变形。

（5）施工工序控制。包括合理的土方开挖方案设计,以避免发生大的基坑变形或者失稳事故;选择合适的施工设备和施工工艺,以避免对土体及周边环境的过大扰动;及时有效地对桩间土进行保护;坡面排水管的设计与排水。

（6）伴随施工过程控制的各类监测、动态设计与及时有效的应急措施。

以下诸章进行分述。

### 2.2.3 深基坑变形控制设计的步骤

深基坑变形控制设计的步骤见图 2-1。

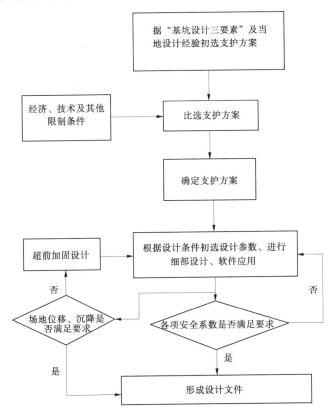

"基坑设计三要素"指影响设计的三个主要因素,
包括基坑深度、基坑环境条件和地质条件(含地下水条件)

**图 2-1 深基坑变形控制设计步骤**

# 参 考 文 献

［1］侯学渊,杨敏.软土地基变形控制设计理论和工程实践［M］.上海:同济大学出版社,1996.

［2］张钦喜,孙家乐,刘柯.深基坑锚拉支护体系变形控制设计理论与应用［J］.岩土工程学报,1999,21
　　（2）:26-30.

［3］徐杨青.深基坑工程优化设计理论与动态变形控制研究［D］.武汉:武汉理工大学,2002.

［4］吕三和.深基坑支护变形控制设计与研究［D］.青岛:中国海洋大学,2003.

［5］唐梦雄,陈如桂,陈伟,等.深基坑工程变形控制［M］.北京:中国建筑工业出版社,2006.

［6］王文东.敏感环境条件下深基坑工程的设计方法［J］.岩土工程学报,2008（S）:349-354.

［7］龚晓南.基坑工程实例［M］.北京:中国建筑工业出版社,2008.

［8］王荣彦.复杂环境条件下高水位地区深基坑变形控制设计探讨［J］.探矿工程,2012,39（4）:12-14.

# 3　基坑及周边环境的变形量估算

## 3.1　国标对基坑变形量的要求

2009 年 3 月,文献[1]以国标的形式对基坑支护结构及周边环境的保护对象就监测项目、监测点布置、监测方法及精度要求、检测频率、监测报警、数据处理及信息反馈等进行了系统的要求和规定,并提出按照支护结构类型和基坑等级的不同对支护结构的报警值分别从累计值、变化速率和相对基坑深度控制值三方面取其小值确定;对基坑周边保护对象从累计值和变化速率两方面控制,具体见表 3-1 和表 3-2。

周边环境监测报警值的限值应根据主管部门的要求确定,如无具体规定,可按表 3-2 采用。

## 3.2　基坑变形设计标准建议

### 3.2.1　对裂缝宽度限制的建议

文献[1]提出了裂缝宽度的限制,实际上,基坑周边的任何单位和个人肯定不接受因为对方开挖基坑造成建筑物出现裂缝,建议删除。

### 3.2.2　对砂土基坑的变形控制标准的建议

对砂土基坑,不能单纯依靠位移变形量和变形速率作为变形目标值。据文献[2]砂土基坑的变形具有突发性、瞬时性,当采用土钉墙或者放坡素喷等简单的支护形式,一旦超挖,上部土体微小的变形都会导致大的基坑坍塌,一般在数分钟内发生,防不胜防。如果按照表 3-1 的标准,显然有很大的安全隐患。只能放缓坡开挖(环境条件允许下)或者选择刚度较大的支护形式和较好的桩间土保护措施才能保证砂土基坑的安全。

### 3.2.3　复杂环境条件下深基坑周边有多层建筑物时的变形控制标准

文献[1]提出的邻近建筑的竖向位移为 10 ~ 60 mm,跨度甚大,适用性差。事实上,在高水位地区临近基坑的多层建筑,一般基础刚度较小,也没有刚度较大的地基处理形式。如在河南平原地区多年的设计经验表明,当周边不均匀沉降超过 15 ~ 20 mm 时,该多层建筑就会出现较大裂缝。

因此,建议对表 3-2 进行修改,见表 3-3。

**表3-1 国标对基坑变形量的要求**

| 序号 | 监测项目 | 支护结构类型 | 一级 累计值 绝对值(mm) | 一级 累计值 相对基坑深度(h)控制值 | 一级 变化速率(mm/d) | 二级 累计值 绝对值(mm) | 二级 累计值 相对基坑深度(h)控制值 | 二级 变化速率(mm/d) | 三级 累计值 绝对值(mm) | 三级 累计值 相对基坑深度(h)控制值 | 三级 变化速率(mm/d) |
|---|---|---|---|---|---|---|---|---|---|---|---|
| 1 | 围护墙(边坡)顶部水平位移 | 放坡、土钉墙、喷锚支护、水泥土墙 | 30~35 | 0.3%~0.4% | 5~10 | 50~60 | 0.6%~0.8% | 10~15 | 70~80 | 0.8%~1.0% | 15~20 |
|  |  | 钢板桩、灌注桩、型钢水泥土墙、地下连续墙 | 25~30 | 0.2%~0.3% | 2~3 | 40~50 | 0.5%~0.7% | 4~6 | 60~70 | 0.6%~0.8% | 8~10 |
| 2 | 围护墙(边坡)顶部竖向位移 | 放坡、土钉墙、喷锚支护、水泥土墙 | 20~40 | 0.3%~0.4% | 3~5 | 50~60 | 0.6%~0.8% | 5~8 | 70~80 | 0.8%~1.0% | 8~10 |
|  |  | 钢板桩、灌注桩、型钢水泥土墙、地下连续墙 | 10~20 | 0.1%~0.2% | 2~3 | 25~30 | 0.3%~0.5% | 3~4 | 35~40 | 0.5%~0.6% | 4~5 |
| 3 | 深层水平位移 | 水泥土墙 | 30~35 | 0.3%~0.4% | 5~10 | 50~60 | 0.6%~0.8% | 10~15 | 70~80 | 0.8%~1.0% | 15~20 |
|  |  | 钢板桩 | 50~60 | 0.6%~0.7% | 2~3 | 80~85 | 0.7%~0.8% | 4~6 | 90~100 | 0.9%~1.0% | 8~10 |
|  |  | 型钢水泥土墙 | 50~55 | 0.5%~0.6% |  | 75~80 | 0.7%~0.8% |  | 80~90 | 0.9%~1.0% |  |
|  |  | 灌注桩 | 45~50 | 0.4%~0.5% |  | 70~75 | 0.6%~0.7% |  | 70~80 | 0.8%~0.9% |  |
|  |  | 地下连续墙 | 40~50 | 0.4%~0.5% |  | 70~75 | 0.7%~0.8% |  | 80~90 | 0.9%~1.0% |  |
| 4 | 立柱竖向位移 |  | 25~35 |  | 2~3 | 35~45 |  | 2~3 | 55~65 |  | 8~10 |
| 5 | 基坑周边地表竖向位移 |  | 25~35 |  | 2~3 | 50~60 |  | 2~3 | 60~80 |  | 8~10 |
| 6 | 坑底隆起(回弹) |  | 25~35 |  | 2~3 | 50~60 |  | 2~3 | 60~80 |  | 8~10 |
| 7 | 土压力 |  | (60%~70%)$f_1$ |  |  | (70%~80%)$f_1$ |  |  | (70%~80%)$f_1$ |  |  |
| 8 | 孔隙水压力 |  | (60%~70%)$f_2$ |  |  | (70%~80%)$f_2$ |  |  | (70%~80%)$f_2$ |  |  |
| 9 | 支撑内力 |  |  |  |  |  |  |  |  |  |  |
| 10 | 围护墙内力 |  |  |  |  |  |  |  |  |  |  |
| 11 | 立柱内力 |  |  |  |  |  |  |  |  |  |  |
| 12 | 锚杆内力 |  |  |  |  |  |  |  |  |  |  |

注:1. h为基坑设计开挖深度,$f_1$为荷载设计值,$f_2$为构件承载能力设计值。2. 累计值取绝对值和相对基坑深度(h)控制值两者的小值。
3. 当监测项目的变化速率达到表中规定值或连续3天超过该值的70%时,应报警。4. 嵌岩的灌注桩或灌注桩墙和地下连续墙墙顶水平位移报警值宜按表中数值的50%取用。

表 3-2　建筑基坑工程周边环境监测报警值(一)

| | 监测对象 | | 累计值(mm) | 变化速率(mm/d) | 说明 |
|---|---|---|---|---|---|
| 1 | 地下水位变化 | | 1 000 | 500 | |
| 2 | 管线位移 | 刚性管道 压力 | 10 ~ 30 | 1 ~ 3 | 直接观察点数据 |
| | | 刚性管道 非压力 | 10 ~ 40 | 3 ~ 5 | |
| | | 柔性管线 | 10 ~ 40 | 3 ~ 5 | |
| 3 | 邻近建筑位移 | | 10 ~ 60 | 1 ~ 3 | |
| 4 | 裂缝宽度 | 建筑 | 1.5 ~ 3 | 持续发展 | |
| | | 地表 | 10 ~ 15 | 持续发展 | |

注:建筑整体倾斜度累计值达到 2/1 000 或倾斜速度连续 3 天大于 0.000 1$H$/d($H$ 为建筑承重结构高度)时报警。

表 3-3　建筑基坑工程周边环境监测报警值(二)

| | 监测对象 | | 累计值(mm) | 变化速率(mm/d) | 说明 |
|---|---|---|---|---|---|
| 1 | 地下水位变化 | | 1 000 | 500 | 指设置止水帷幕时基坑外侧地下水位下降 |
| 2 | 管线位移 | 刚性管道 压力 | 10 ~ 20 | 3 | |
| | | 刚性管道 非压力 | 10 ~ 20 | 3 | |
| | | 柔性管线 | 10 ~ 20 | 3 | |
| 3 | 多层建筑沉降量 | | 10 ~ 15 | 2 ~ 3 | 整体倾斜累计达到 4/1 000 时应报警 |

# 3.3　基坑支护体变形估算

基坑开挖和支护体系施工对周围环境的影响包括:

(1)基坑开挖或超挖影响支护结构变形。

(2)因支护结构变形引发的地面沉降。

(3)基坑长时间大幅度敞开降水造成地面沉降。

(4)软土基坑坑底直接隆起引发的地面沉降。

上述第(1)和(2)问题中牵扯到支护结构变形与地面沉降的关系问题。

关于基坑合理开挖对结构变形及地面沉降的影响,有文献提出了典型的地表沉降曲线有三角形曲线和正态分布曲线。三角形曲线一般在悬臂结构或嵌固深度较小时出现,地表最大沉降在墙边;在大量桩锚或桩撑结构的工程实践中,地面沉降多以正态分布曲线出现,地表最大沉降不在墙边而在离墙边一定距离内。

实际上,基坑支护体系的位移不仅与支护选型(基坑深度、地质条件、地下水条件)密不可分,也与土方开挖的工况及施工质量息息相关。

### 3.3.1 有关文献的论述

关于围护墙的变形形式,Peck(1969)认为围护结构的侧移形态与基坑的开挖阶段紧密相关。在开挖的初期,最大变形发生在钢板桩的顶部,如果早期就在钢板桩的顶部施加支撑,则其侧移将会明显减小。

2012 年,郑刚等[6]总结以往学者的研究成果,提出了围护结构中支护体与地面沉降常见的四种变形形式(见图 3-1):

(1)内凸式变形。

(2)复合式变形。

(3)悬臂式变形。

(4)踢脚式变形。

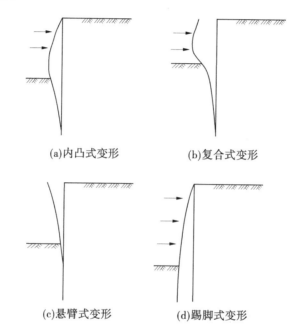

(a)内凸式变形　　　　(b)复合式变形

(c)悬臂式变形　　　　(d)踢脚式变形

**图 3-1　围护结构中支护体与地面沉降常见的四种变形形式**

据江晓峰等[7],Clough 和 O'Rourke(1990)认为有内支撑或锚拉的支挡结构系统的开挖所导致的围护结构变形形式可分为以下三种(见图 3-2):

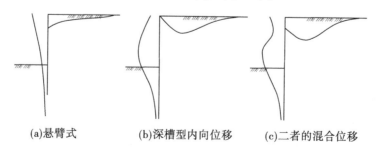

(a)悬臂式　　　(b)深槽型内向位移　　　(c)二者的混合位移

**图 3-2　围护墙的常见变形形式**

（1）悬臂式。

（2）深槽型内向位移。

（3）二者的混合位移。

龚晓南（1999）[8]根据大量实测资料总结认为,挡墙变形曲线形态大体上可分如图 3-3 所示的四种类型,具体如下:

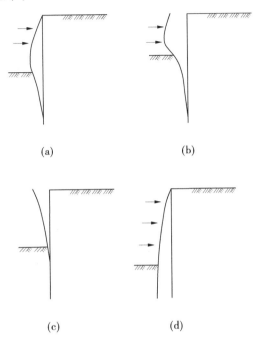

图 3-3　围护挡墙变形的几种形式

（1）弓形变形曲线。如图 3-3（a）所示,主要表现在深厚软土层中,且当有支撑的围护墙埋入坑底以下深度不太大时最为常见,墙身中部向坑内拱出,在基坑坑底以下无明显的反弯点。

（2）变形曲线上段呈正向弯曲,下段呈反向弯曲。如图 3-3（b）所示,其特点为坑底变形较大,当围护墙插入深度大,且采用内支撑时,其变形形式呈现出上段正向弯曲下段反向弯曲。

（3）如图 3-3（c）所示,为悬臂式结构常见的变形特征。

（4）如图 3-3（d）所示,为踢脚式常见的变形特征。

## 3.3.2　利用商业软件进行基坑支护变形估算

目前的国家规范及有关基坑支护软件对桩锚桩撑结构可近似计算或估算出支护体本身的变形及由此对地面沉降的影响。因此,基坑合理开挖对支护体结构变形及地面沉降的影响,可以从规范及计算软件估算确定（如三角形法、抛物线法、指数法）。

以下以某桩锚支护结构为例,说明桩锚支护结构在基坑支护设计中对支护体及周边地面沉降的变形估算情况。

（1）工程概况：设计基坑深度21.0 m。

（2）地质条件：上部约13.0 m以稍密状态的粉土为主，以下为可塑状态的粉质黏土和中密的细砂，地下水位25.0 m。

（3）支护方案：采用桩锚支护结构，即灌注桩加六道锚索，其中的锚索采用旋喷锚索，直径为400 mm。

（4）设计七道开挖工况：即分别在 −4.0 m 处、−7.5 m 处、−10.5 m 处、−13.5 m 处、−15.5 m、−18.5 m、−21.0 m 处分七层进行基坑开挖。

具体详见以下某深基坑桩锚支护结构的桩顶位移及地面沉降估算（见图3-4～图3-7，表3-4～表3-20）。

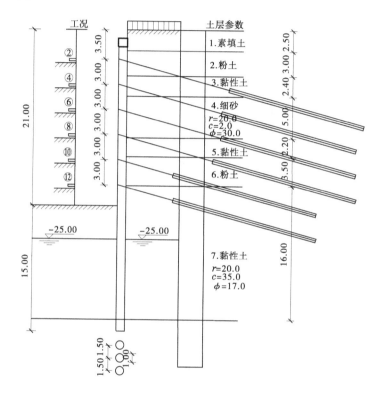

图3-4 基本信息 （单位：m）

表3-4 基本信息

| 规范与规程 | 《建筑基坑支护技术规程》（JGJ 120—2012） |
| --- | --- |
| 内力计算方法 | 增量法 |
| 支护结构安全等级 | 一级 |
| 支护结构重要性系数 $\gamma_0$ | 1.10 |
| 基坑深度 $h$（m） | 21.000 |

| 规范与规程 | 《建筑基坑支护技术规程》（JGJ 120—2012） |
|---|---|
| 嵌固深度（m） | 15.000 |
| 桩顶标高（m） | −1.000 |
| 混凝土强度等级 | C30 |
| 桩截面类型 | 圆形 |
| 桩直径（m） | 1.000 |
| 桩间距（m） | 1.500 |
| 有无冠梁 | 有 |
| 冠梁宽度（m） | 1.200 |
| 冠梁高度（m） | 1.000 |
| 水平侧向刚度（MN/m） | 1.500 |
| 防水帷幕 | 无 |
| 放坡级数 | 0 |
| 超载个数 | 1 |
| 支护结构上的水平集中力 | 0 |

表 3-5　超载信息

| 超载序号 | 类型 | 超载值（kPa, kN/m） | 作用深度（m） | 作用宽度（m） | 距坑边距（m） | 形式 | 长度（m） |
|---|---|---|---|---|---|---|---|
| 1 | | 20.000 | — | — | — | — | — |

表 3-6　土层信息

| 土层数 | 8 | 坑内加固土 | 否 |
|---|---|---|---|
| 内侧降水最终深度（m） | 25.000 | 外侧水位深度（m） | 25.000 |
| 内侧水位是否随开挖过程变化 | 是 | 内侧水位距开挖面距离（m） | 1.000 |
| 弹性计算方法按土层指定 | × | 弹性法计算方法 | M 法 |
| 内力计算时坑外土压力计算方法 | 主动 | | |

表 3-7 土层参数

| 层号 | 土类名称 | 层厚(m) | 重度(kN/m³) | 浮重度(kN/m³) | 黏聚力(kPa) | 内摩擦角(°) | 与锚固体摩擦阻力(kPa) | 黏聚力水下(kPa) | 内摩擦角水下(度) | 水土 | 计算方法 | $m,c,K$值 | 不排水抗剪强度(kPa) |
|---|---|---|---|---|---|---|---|---|---|---|---|---|---|
| 1 | 素填土 | 2.50 | 18.0 | — | 10.00 | 15.00 | 25.0 | — | — | — | m法 | 4.00 | — |
| 2 | 粉土 | 3.00 | 19.3 | — | 15.00 | 23.00 | 70.0 | — | — | — | m法 | 9.78 | — |
| 3 | 黏性土 | 2.40 | 20.1 | — | 24.00 | 15.00 | 60.0 | — | — | — | m法 | 5.40 | — |
| 4 | 细砂 | 5.00 | 20.0 | — | 2.00 | 30.00 | 90.0 | — | — | — | m法 | 15.20 | — |
| 5 | 黏性土 | 2.20 | 20.1 | — | 24.00 | 16.00 | 66.0 | — | — | — | m法 | 5.92 | — |
| 6 | 粉土 | 3.50 | 20.0 | — | 14.00 | 24.00 | 72.0 | — | — | — | m法 | 10.52 | — |
| 7 | 黏性土 | 16.00 | 20.0 | 10.0 | 35.00 | 17.00 | 68.0 | 10.00 | 10.00 | 合算 | m法 | 7.58 | — |
| 8 | 粉土 | 8.00 | 19.6 | 9.6 | — | — | 75.0 | 10.00 | 10.00 | 分算 | m法 | 4.00 | — |

表 3-8 支锚信息

| 支锚道号 | 支锚类型 | 水平间距(m) | 竖向间距(m) | 入射角(°) | 总长(m) | 锚固段长度(m) | 预加力(kN) | 支锚刚度(MN/m) | 锚固体直径(mm) | 工况号 | 锚固力调整系数 | 材料抗力(kN) | 材料抗力调整系数 |
|---|---|---|---|---|---|---|---|---|---|---|---|---|---|
| 1 | 锚索 | 1.500 | 3.500 | 15.00 | 30.00 | 16.00 | 500.00 | 10.02 | 400 | 2~ | 1.00 | 1444.80 | 1.00 |
| 2 | 锚索 | 1.500 | 3.000 | 15.00 | 30.00 | 17.00 | 500.00 | 12.47 | 400 | 4~ | 1.00 | 1444.80 | 1.00 |
| 3 | 锚索 | 1.500 | 3.000 | 15.00 | 30.00 | 17.00 | 500.00 | 14.91 | 400 | 6~ | 1.00 | 1444.80 | 1.00 |
| 4 | 锚索 | 1.500 | 3.000 | 15.00 | 30.00 | 18.00 | 500.00 | 18.55 | 400 | 8~ | 1.00 | 1444.80 | 1.00 |
| 5 | 锚索 | 1.500 | 3.000 | 15.00 | 25.00 | 18.00 | 500.00 | 11.33 | 400 | 10~ | 1.00 | 1444.80 | 1.00 |
| 6 | 锚索 | 1.500 | 3.000 | 15.00 | 25.00 | 18.00 | 500.00 | 30.00 | 400 | 12~ | 1.00 | 1570.80 | 1.00 |

表 3-9　工况信息

| 工况号 | 工况类型 | 深度(m) | 支锚道号 |
|---|---|---|---|
| 1 | 开挖 | 4.000 | — |
| 2 | 加撑 | — | 1. 锚索 |
| 3 | 开挖 | 7.000 | — |
| 4 | 加撑 | — | 2. 锚索 |
| 5 | 开挖 | 10.000 | — |
| 6 | 加撑 | — | 3. 锚索 |
| 7 | 开挖 | 13.000 | — |
| 8 | 加撑 | — | 4. 锚索 |
| 9 | 开挖 | 16.000 | — |
| 10 | 加撑 | — | 5. 锚索 |
| 11 | 开挖 | 19.000 | — |
| 12 | 加撑 | — | 6. 锚索 |
| 13 | 开挖 | 21.000 | — |

表 3-10　设计参数

| | |
|---|---|
| 整体稳定计算方法 | 瑞典条分法 |
| 稳定计算采用应力状态 | 有效应力法 |
| 稳定计算合算地层考虑孔隙水压力 | × |
| 条分法中的土条宽度(m) | 1.00 |
| 刚度折减系数 $K$ | 0.850 |
| 考虑圆弧滑动模式的抗隆起稳定 | √ |
| 对支护底取矩倾覆稳定 | × |
| 以最下道支锚为轴心的倾覆稳定 | × |

设计结果：

结构计算如下。

工况13——开挖(21.00 m)

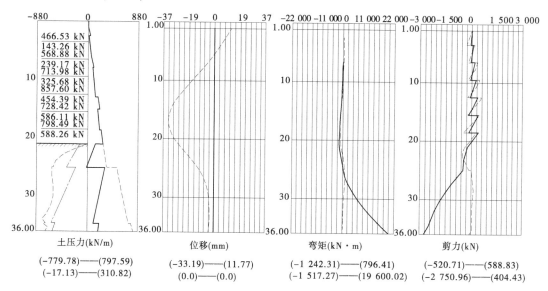

| | | | |
|---|---|---|---|
| 土压力(kN/m) | 位移(mm) | 弯矩(kN·m) | 剪力(kN) |
| (−779.78)——(797.59) | (−33.19)——(11.77) | (−1 242.31)——(796.41) | (−520.71)——(588.83) |
| (−17.13)——(310.82) | (0.0)——(0.0) | (−1 517.27)——(19 600.02) | (−2 750.96)——(404.43) |

图 3-5 开挖至 21 m 的工况

工况13——开挖(21.00 m)

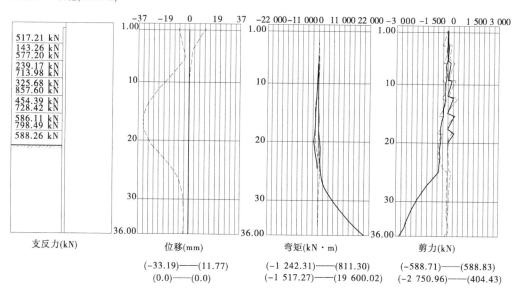

| | | | |
|---|---|---|---|
| 支反力(kN) | 位移(mm) | 弯矩(kN·m) | 剪力(kN) |
| | (−33.19)——(11.77) | (−1 242.31)——(811.30) | (−588.71)——(588.83) |
| | (0.0)——(0.0) | (−1 517.27)——(19 600.02) | (−2 750.96)——(404.43) |

图 3-6 内力位移包络图

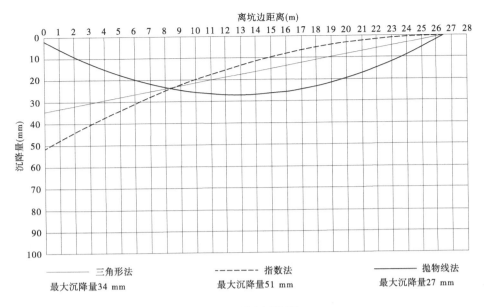

—— 三角形法　　------- 指数法　　—— 抛物线法

最大沉降量34 mm　　最大沉降量51 mm　　最大沉降量27 mm

图 3-7　地表沉降图

表 3-11　冠梁选筋结果

| 项目 | 钢筋级别 | 选筋 |
|------|---------|------|
| As1 | HRB400 | 10E25 |
| As2 | HRB400 | 6E25 |
| As3 | HRB335 | D10@ 200 |

表 3-12　环梁选筋结果

| 项目 | 钢筋级别 | 选筋 |
|------|---------|------|
| As1 | HRB335 | 5D20 |
| As2 | HRB335 | 4D20 |
| As3 | HPB300 | d8@ 200 |

截面计算:

钢筋类型对应关系:d-HPB300,D-HRB335,E-HRB400,F-RRB400,G-HRB500,P-HRBF335,Q-HRBF400,R-HRBF500。

表 3-13　截面参数

| 桩是否均匀配筋 | 是 |
|------|------|
| 混凝土保护层厚度(mm) | 50 |
| 桩的纵筋级别 | HRB335 |
| 桩的螺旋箍筋级别 | HRB335 |

| | |
|---|---|
| 桩的螺旋箍筋间距（mm） | 150 |
| 弯矩折减系数 | 0.85 |
| 剪力折减系数 | 1.00 |
| 荷载分项系数 | 1.25 |
| 配筋分段数 | 一段 |
| 各分段长度（m） | 35.00 |

表 3-14 内力取值

| 段号 | 内力类型 | 弹性法计算值 | 经典法计算值 | 内力设计值 | 内力实用值 |
|---|---|---|---|---|---|
| | 基坑内侧最大弯矩（kN·m） | 1 242.31 | 1 517.27 | 1 451.95 | 1 451.95 |
| 1 | 基坑外侧最大弯矩（kN·m） | 811.30 | 19 600.02 | 948.21 | 948.21 |
| | 最大剪力（kN） | 588.83 | 2 750.96 | 809.64 | 809.64 |

表 3-15 配筋参数

| 段号 | 选筋类型 | 级别 | 钢筋实配值 | 实配［计算］面积（mm² 或 mm²/m） |
|---|---|---|---|---|
| 1 | 纵筋 | HRB400 | 28E22 | 10 644［10 623］ |
| | 箍筋 | HRB335 | D10@ 150 | 1 047［1 007］ |
| | | | | |
| | 加强箍筋 | HRB335 | D14@ 2 000 | 154 |

锚杆计算：

表 3-16 锚杆参数

| | |
|---|---|
| 锚杆钢筋级别 | HRB400 |
| 锚索材料强度设计值（MPa） | 1 220.000 |
| 锚索材料强度标准值（MPa） | 1 720.000 |
| 锚索采用钢绞线种类 | 1 × 7 |
| 锚杆材料弹性模量（×10⁵ MPa） | 2.000 |
| 锚索材料弹性模量（×10⁵ MPa） | 1.950 |
| 注浆体弹性模量（×10⁴ MPa） | 3.000 |
| 锚杆抗拔安全系数 | 1.600 |
| 锚杆荷载分项系数 | 1.250 |

表 3-17  锚杆水平方向内力 （单位:kN）

| 支锚道号 | 最大内力弹性法 | 最大内力经典法 | 内力标准值 | 内力设计值 |
|---|---|---|---|---|
| 1 | 517.21 | 143.26 | 517.21 | 711.16 |
| 2 | 577.20 | 239.17 | 577.20 | 793.65 |
| 3 | 713.98 | 325.68 | 713.98 | 981.73 |
| 4 | 857.60 | 454.39 | 857.60 | 1 179.20 |
| 5 | 728.42 | 586.11 | 728.42 | 1 001.58 |
| 6 | 798.49 | 588.26 | 798.49 | 1 097.92 |

表 3-18  锚杆轴向内力 （单位:kN）

| 支锚道号 | 最大内力弹性法 | 最大内力经典法 | 内力标准值 | 内力设计值 |
|---|---|---|---|---|
| 1 | 535.45 | 148.32 | 535.45 | 736.25 |
| 2 | 597.56 | 247.61 | 597.56 | 821.64 |
| 3 | 739.17 | 337.17 | 739.17 | 1 016.36 |
| 4 | 887.85 | 470.42 | 887.85 | 1 220.80 |
| 5 | 754.12 | 606.78 | 754.12 | 1 036.91 |
| 6 | 826.66 | 609.01 | 826.66 | 1 136.65 |

表 3-19  锚杆计算

| 支锚道号 | 支锚类型 | 钢筋或钢绞线配筋 | 自由段长度实用值（m） | 锚固段长度实用值（m） | 实配[计算]面积（mm²） | 锚杆刚度（MN/m） |
|---|---|---|---|---|---|---|
| 1 | 锚索 | 6s15.2 | 14.0 | 16.0 | 840.0[603.5] | 10.74 |
| 2 | 锚索 | 6s15.2 | 13.0 | 17.0 | 840.0[673.5] | 11.55 |
| 3 | 锚索 | 6s15.2 | 13.0 | 17.0 | 840.0[833.1] | 11.55 |
| 4 | 锚索 | 6s15.2 | 12.0 | 18.0 | 840.0[1 000.7] | 12.47 |
| 5 | 锚索 | 6s15.2 | 7.0 | 18.0 | 840.0[849.9] | 21.08 |
| 6 | 锚索 | 4s15.2 | 7.0 | 18.0 | 3 927[3 157] | 90.89 |

整体稳定验算:

计算方法:瑞典条分法。

应力状态:有效应力法。

表 3-20　工况信息

| 工况 | 工况类型 | 深度（m） | 支锚道号 |
|---|---|---|---|
| 1 | 开挖 | 4.0 | — |
| | 加撑 | — | 1. 锚索 |
| 2 | 开挖 | 7.0 | — |
| | 加撑 | — | 2. 锚索 |
| 3 | 开挖 | 10.0 | — |
| | 加撑 | — | 3. 锚索 |
| 4 | 开挖 | 13.0 | — |
| | 加撑 | — | 4. 锚索 |
| 5 | 开挖 | 16.0 | — |
| | 加撑 | — | 5. 锚索 |
| 6 | 开挖 | 19.0 | — |
| | 加撑 | — | 6. 锚索 |
| 7 | 开挖 | 21.0 | — |

条分法中的土条宽度：1.00 m。

滑裂面数据：

圆弧半径（m）：$R = 37.350$。

圆心坐标 $X$（m）：$X = -5.971$。

圆心坐标 $Y$（m）：$Y = 15.693$。

整体稳定安全系数 $K_s = 1.386 > 1.35$，满足规范要求。

抗倾覆稳定性验算：

不进行抗倾覆（踢脚破坏）验算。

抗隆起验算：

$K_s = 1.853 > 1.800$，抗隆起稳定性满足要求。

突涌稳定性验算：

$$K = D\gamma / h_w \gamma_w \tag{3-1}$$

$K = 2.000 \times 20.000 / 30.000 = 1.333 > K_h = 1.10$，基坑底部土抗承压水头稳定。

式中　$\gamma$——承压水含水层顶面至坑底的土层天然重度，kN/m³；

　　　$D$——承压水含水层顶面至坑底的土层厚度，m；

　　　$\gamma_w$——水的重度，kN/m³；

$h_w$——承压水含水层顶面的压力水头高度,m;

$K_h$——突涌稳定安全系数,当前取值1.10,规范要求不应小于1.100;

$K$——突涌稳定安全系数计算值。

嵌固深度计算:

(1)嵌固深度构造要求。

依据《建筑基坑支护技术规程》(JGJ 120—2012)。

嵌固深度对于多支点支护结构不宜小于0.2h。

嵌固深度构造长度$l_d$:4.200 m。

(2)嵌固深度满足整体滑动稳定性要求。

按《建筑基坑支护技术规程》(JGJ 120—2012)圆弧滑动简单条分法计算嵌固深度:

对应的安全系数$K_s = 1.386 \geqslant 1.350$。

嵌固深度计算值$l_d = 15.0$ m。

(3)嵌固深度满足坑底抗隆起要求。

符合坑底抗隆起的嵌固深度$l_d = 3.800$ m。

(4)嵌固深度满足以最下层支点为轴心的圆弧滑动稳定性要求。

符合以最下层支点为轴心的圆弧滑动稳定的嵌固深度$l_d = 20.10$ m。

满足以上要求的嵌固深度$l_d$计算值为20.100 m,$l_d$采用值为15.00 m。

### 3.3.3 数值模拟估算

依据支护方案剖面图该基坑开挖深度为21.0 m,坑底$x$方向取25 m,坑外$x$方向取43 m,排桩直径1 m;$y$方向取3 m;$z$方向取60 m。模型总尺寸为68 m($x$)×3 m($y$)×60 m($z$)。建立如下数值模型,如图3-8所示。

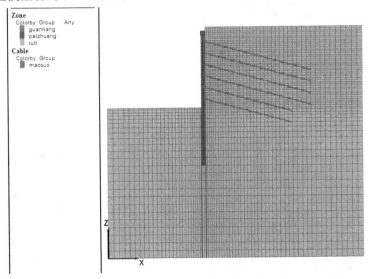

图3-8 基坑支护数值模型

计算结果:

各工况下基坑周围土体的竖向沉降、水平位移云图如图3-9~图3-17所示。

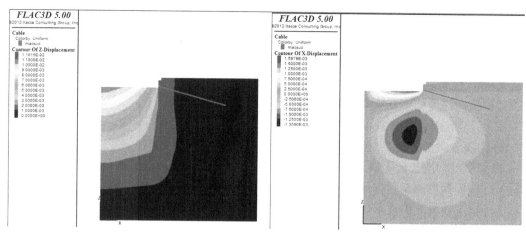

图 3-9　工况 1

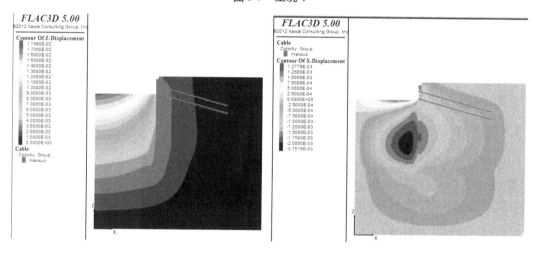

图 3-10　工况 2

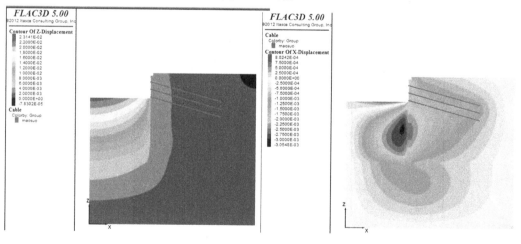

图 3-11　工况 3

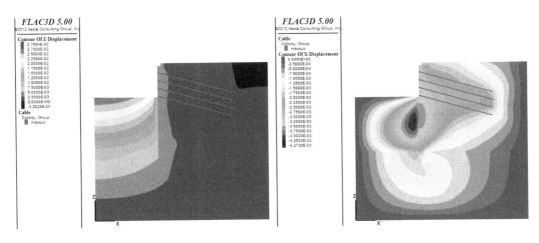

图 3-12　工况 4

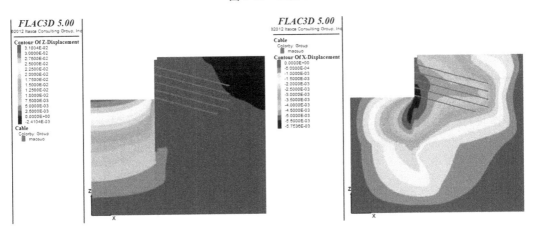

图 3-13　工况 5

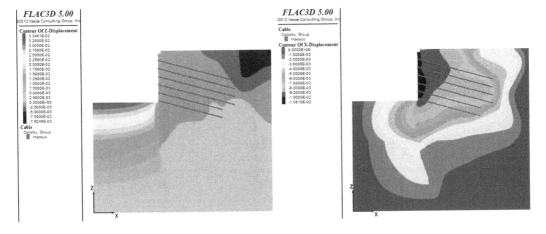

图 3-14　工况 6

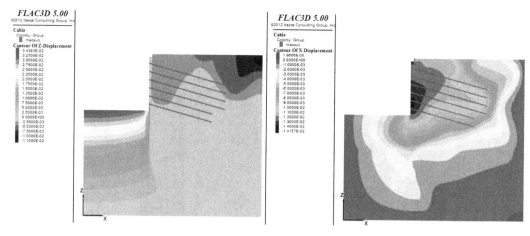

图 3-15　工况 7

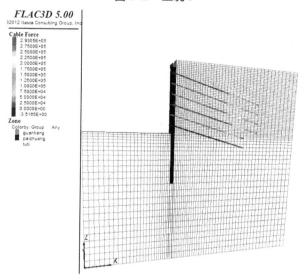

图 3-16　锚杆应力云图

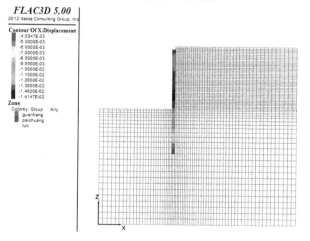

图 3-17　排桩位移云图

由该桩锚支护结构计算可以看到,在假定条件(排桩参数、放坡信息、荷载条件、土层物理力学参数、支锚参数和标准开挖工况)下,按照计算程序分步开挖后就可得到支护体稳定安全系数和相应条件下的桩体位移和地面沉降参数。在本案例中,基坑深度 21 m(其中上部放坡 6.0 m)采用联合支护结构,做 6 排大直径锚索,各项安全系数满足强度要求前提下,对应桩体位移在 17 m 处附近最大,达到 63 mm,约为基坑深度的 3.7‰;计算得到三角形法地面沉降为 70 mm,指数法地面沉降为 105 mm,抛物线法地面沉降为 54 mm。其中,采用三角形法和抛物线法计算的地面沉降量比较接近,为基坑深度的 3.6‰~4.6‰。

### 3.3.4 基坑变形实际监测分析

同时,对河南平原地区有关桩锚支护结构支护体位移及地面沉降的统计数据显示(对正常设计参数、正常开挖工况及正常运行的基坑):

(1)基坑的桩体位移及地面沉降为基坑深度的 1.5‰~4.9‰。

(2)基坑越深,变形越大,20 m 以上基坑,其桩体位移及地面沉降为基坑深度的 3.5‰~4.9‰,小于 20 m 基坑其桩体位移及地面沉降为基坑深度的 1.2‰~2.5‰。

因此,上述桩锚支护结构计算结果比较有代表性。

根据徐中华[4]对上海地区 80 个采用钻孔灌注桩围护结构的实测数据,所有基坑的最大侧移随基坑深度的增加而增大,基本介于(1‰~10‰)$H$,平均 4.4‰$H$。

1999 年,刘兴旺[3]针对杭州、上海软土地区 15 个成功基坑工程的监测资料,对基坑开挖所产生的围护体最大侧向变形、最大侧向变形位置、邻近建筑物的沉降以及变形的时间效应等进行了分析研究,提出杭州及上海软土地区围护体的最大侧向变形一般为(2‰~9‰)$H$,具体侧向变形控制值的大小取决于基坑的周围环境;对带撑支护结构而言,围护体的最大侧向变形一般发生在基坑坑底附近;地表沉陷值与围护体的侧向变形大小及分布有关,一般而言,沉陷最大值小于围护体侧向变形的最大值,同时提出了一些地表沉陷分布的经验算法。越来越多的工程实践表明,实测的建筑物沉降远大于按经验公式计算的结果。

从以上通过商业软件计算、数值模拟计算及地区经验的总结等方面来看,要准确确定基坑支护体的准确变形量和周边环境的变形量难度较大,首先它与支护体形式的选择密切相关,同时基坑支护体的变形和周边环境的变形量也与施工方法、施工工艺、施工工序及挖土工序、施工水平等密不可分,关于这一点可参见本书第 7 章有关内容。

一般情况下,对桩锚支护结构在正常设计工况及开挖工况下,其桩体位移及地面沉降变形也有一定规律可循。建议如下:

(1)开挖深度小于 20 m 的基坑其桩体位移及地面沉降为基坑深度的 1.5‰~2.5‰。

(2)开挖深度大于 20 m 以上的基坑,其支护体坡顶位移及地面沉降约为基坑深度的 3.5‰~5.0‰。

## 3.4 基坑敞开降水对地面沉降的影响估算

长时间、大幅度的基坑敞开降水形成以基坑为中心辐射一定范围的漏斗状的弯曲水面,即所谓降水漏斗曲线。理论、经验和监测结果分析历来是岩土工程得以发展的必经之路。要准确评估降水引起的地面沉降难度很大。从理论上说,基坑敞开降水对周围环境的影响

通常按照分层总和法对欠固结的粉土层、黏土层进行沉降量估算,其计算公式为

$$S = \frac{\alpha}{1 + e_0} \Delta PH \tag{3-2}$$

式中  $S$——计算的粉土层、黏土层沉降量,mm;

  $\alpha$——压缩系数;

  $e_0$——土层原始孔隙比;

  $H$——计算土层厚度,m;

  $\Delta P$——由于地下水位下降施加于土层上的平均荷载,kPa。

经计算,当基坑外水位下降 1 m 时,估算沉降量约为 2.89 mm;实际监测结果与有关文献的理论计算值比较吻合。依此预测邻近建筑物的沉降或倾斜,若满足要求可不设止水帷幕。

实际上根据在河南黄淮海平原地区多年的支护经验,邻近多层建筑物基础形式多为条形基础、筏板或条基+水泥土搅拌桩基础,基础刚度整体性较好,其抵抗变形能力也好。当邻近建筑物距离基坑大于 1 倍基坑深度或大于 5 m 时,可不设止水帷幕即敞开降水,但应加强沉降监测。

根据多年设计经验,要准确分析敞开降水对基坑周围地面及建(构)筑物的影响应参考以下因素:

(1)地面沉降与以往降水历史有关。如该地段的降水幅度不超过以往历史降水的幅度,则本次降水引发的地面沉降会很小。

(2)地面沉降与影响地段的地质条件有关。若该地段软土很厚,降水幅度大,则地面沉降会很大。据宋榜慈[9]在降水引起的地面沉降中,认为主要与降水幅度有关,建议将降水幅度分为微小、敏感及剧烈影响带。其中,微小影响带指水位降幅小于 3 ~ 4 m,一般属于水位常年变动带,位于该地段的建筑物,受降水的影响就比较小;敏感影响带指水位降幅小于 6 ~ 10 m;剧烈影响带指水位降幅大于 10 m 的范围。笔者认为如此区分降水幅度可以定性地分析降水对周边环境的影响,不失为一种参考方法。

(3)邻近建(构)筑物的沉降大小与建筑物的基础形式密不可分。不同的建筑物、构筑物因选用的基础形式不同,抗变形的能力也不同,在同一场地,受降水影响也不同。显然,采用桩基础的建筑,因其抗变形能力强,就比采用复合地基和天然地基的建筑受降水影响程度小;同样采用天然地基的建筑,筏板基础就比独立基础和条形基础的刚度大,因而受降水影响程度就不一样。据文献,在郑州东区某深基坑降水方案选择中采用理论公式计算与现场监测结果对比分析,得到初步印证。如王荣彦[2],在郑州东区深基坑敞开降水时,基坑周围地下水位下降 1 m,会使上部软土产生固结沉降 1.5 ~ 2.5 mm(因每个地段所经历的降水历史不同,距离基坑远近不同,所观测到的地面沉降数据也有较大差别)。

## 参 考 文 献

[1] 刘俊岩,应惠清,孔令伟,等. 建筑基坑工程监测技术规范:GB 50497—2009[S].北京:中国计划出版社,2009.

[2] 王荣彦.土钉支护技术在松散砂土基坑中的应用——郑州东区基坑支护型式探讨[J].探矿工程,2006,3(33):19-21.

[3] 刘兴旺,施祖元,益德清.软土地区基坑开挖变形性状研究[J].岩土工程学报,1997(7):456-460.

[4] 徐中华,王卫东.深基坑变形控制指标研究[J].地下空间与工程学报,2010,6(3):619-626.

[5] 黄茂松,朱晓宇,张陈蓉.基于周边既有建筑物承载能力的基坑变形控制标准[J].岩石力学与工程学报,2012(11):2291-2304.

[6] 郑刚,李志伟.不同维护结构变形形式的基坑开挖对邻近建筑物的影响对比分析[J].岩土工程学报,2012(6):969-976.

[7] 江晓峰,刘国彬,张伟立,等.基于监测数据的上海地区深基坑变形特征研究[J].岩土工程学报,2010(8).

[8] 龚晓南.深基坑工程设计施工手册[M].北京:中国建筑工业出版社,1999.

[9] 宋榜慈,李受祉.武汉地区工程中的地下水问题及其处理对策[J].工程勘察,2004(5):8-9.

# 4 基于超前加固的深基坑变形控制设计技术

如第 2 章所述,当变形估算(包括支护体变形、地面沉降、坑底隆起及其叠加效应)不能满足目标值要求时,应做好超前支护加固设计。超前加固是深基坑变形控制设计的重要内容之一,一般包括:

(1)对邻近建(构)筑物的超前加固,如超前注浆、树根桩、高压旋喷桩、钢管桩、预制桩及锚杆静压桩等。

(2)坑底土层较软时的坑底加固,多采用水泥土搅拌桩和高压旋喷桩方式。

限于资料,以下仅对基坑工程常采用的超前注浆设计进行介绍。

## 4.1 超前注浆技术概述

超前注浆即通过注浆管把一定压力下的浆液提前注入地下土层。其中,浆液以填充、渗透、挤密、劈裂等方式与周围土体有效结合,形成一个新的具有较高强度的"结石体"。采用超前注浆方式可以有效地改善基坑影响范围内土体的力学性能,使其变形参数和抗剪强度指标得以大幅度提高,即通过超前注浆有效改善了基坑周边建(构)筑物下持力层、主要受力层的抗变形能力,因而基坑周边的建(构)筑物的变形将会很小。

这里的超前注浆技术应与基坑支护选型有效结合,以确保周边建(构)筑物变形满足设计要求。

## 4.2 基坑支护体变形估算

文献[8]提出对一级基坑坡顶水平位移控制在 $(0.3\% \sim 0.4\%)h$ 或者绝对值 $30 \sim 35$ mm。综合其他有关文献,认为基坑顶部水平位移约为基坑深度的 $0.3\%h$ 或不大于 30 mm 比较合理。然而当基坑较深、距离基坑较近的多层建筑地基土质较差(多采用天然地基)时,建筑物抗变形能力较差,当周边基坑水平位移即使仅有 20 mm 时,往往也会发生过大的不均匀沉降,导致墙体出现裂缝。

## 4.3 超前注浆技术设计

控制好注浆质量是确保建(构)筑物满足目标值的前提,其中的布桩方式(间距、深度、角度)、注浆量、注浆压力和注浆时间及有效检测是设计的核心。

### 4.3.1 布孔方式(间距、深度、角度)

注浆深度应达到基坑下一定深度且进入较密实或较坚硬的地层,宽度不少于基坑深度的一半或邻近建(构)筑物基础下不超过一半宽度可采用大角度进入被加固地层;注浆孔直径一般为 100~120 mm,注浆孔间距为 1.0~1.5 m。

## 4.3.2 注浆孔施工参数

对土层而言,注浆量一般为 50~75 kg/m,注浆压力为 0.5~3.0 MPa,水灰比为 0.7：1~1：1,设计加固体强度因加固体土层而异,但应不少于 0.5~1.0 MPa。

## 4.3.3 施工过程控制与有效检测

(1)注浆压力、注浆量及影响范围宜由现场试验性施工确定,应不断积累地区经验。

(2)施工中应采用带有控制流量和压力的仪表进行自动记录,做到信息化施工。

## 4.3.4 典型案例一

该项目位于省体育馆北侧,基坑坑深 9.5 m,东侧约 4.5 m 为 4F 建筑物及 18F 高层建筑,二者紧挨,其中 4F 建筑物为后期施工,砖混结构,基础埋深约 1.0 m,现场调查发现,屋顶与已有的 18F 高层建筑比较,已出现明显歪斜,向西水平向位移为 83 mm。

场地所在地貌单元属黄河冲洪积平原,地层以稍密粉土夹软塑粉质黏土为主,底部为中密粉砂,地下水为潜水,地下水位埋深 6.0 m。各土层的物理力学指标见表 4-1。

表 4-1 各土层的物理力学指标

| 层号 | 地层名称 | 含水率 $\omega$(%) | 天然重度 $\gamma$ (kN/m$^3$) | 孔隙比 $e$ | 凝聚力 $C$(kPa) | 内摩擦角 $\varphi$(°) | 液性指数 $I_L$ | 压缩模量 $a_{1-2}$ (MPa$^{-1}$) | 压缩模量 $E_{s1-2}$ (MPa) | 承载力特征值 $f_{ak}$(kPa) |
|---|---|---|---|---|---|---|---|---|---|---|
| ② | 粉土 | 22.2 | 18.3 | 0.905 | 12 | 20.2 | 0.59 | 0.15 | 6.7 | 110 |
| ③ | 粉质黏土 | 22.7 | 19.2 | 0.915 | 17 | 15.5 | 0.65 | 0.23 | 4.4 | 100 |
| ④ | 粉土 | 23.6 | 18.5 | 0.879 | 13 | 21.3 | 0.52 | 0.13 | 7.8 | 120 |
| ⑤ | 粉土 | 23.0 | 18.6 | 0.857 | 14 | 22.3 | 0.64 | 0.11 | 8.8 | 130 |
| ⑥ | 粉砂 | 22.9 | 20.1 | | 3 | 28.0 | | 0.05 | 18.0 | 190 |

如前所述,该基坑水平位移约为基坑深度的 0.3%$h$,以此估算,支护体变形约为 28.5 mm,加上此前该建筑的已有位移 83 mm,显然无法满足要求。因此,拟采取超前注浆控制该建筑的沉降量,防止继续发生不均匀沉降。具体方案如下:

采用复合土钉墙(土钉墙加预应力锚杆方案加竖向微型桩),其中的竖向微型桩为三排钢管,采用双液注浆,进入到⑥层粉砂层,长度 12.0 m,间距 1.5 m,具体见图 4-1(基坑东侧支护剖面图)。

具体施工参数:注浆量 50 kg/m,注浆压力 0.5 MPa,水灰比 1:1。监测结果显示,支护体水平位移仅 6~8 mm,相应 4F 建筑物水平位移仅增加 2.8~3.9 mm。

该项目已于 2007 年 11 月结束。超前注浆与复合土钉墙结合的设计方案较好地控制了支护体和周边 4F 建筑物的沉降量,约为通常土钉墙预估变形量的 1/3。

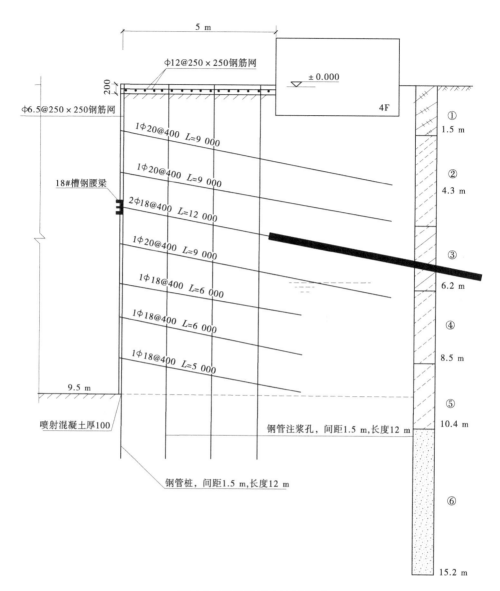

图 4-1 基坑东侧支护剖面图

### 4.3.5 典型案例二

该项目位于郑州市区,基坑深 7.7 m,其中北侧约 5.5 m 为 5F～7F 建筑物,砖混结构,条形基础,基础埋深约 1.0 m。

场地所在地貌单元属黄河冲洪积平原,地层约 10.0 m 以上以稍密粉土夹软塑粉质黏土为主,10～15 m 为中密到密实粉砂,具体各土层的物理力学指标见表 4-2。地下水为潜水,地下水位埋深 4.0 m。

如前所述,若以基坑水平位移约为基坑深度的 $0.3\%h$ 估算支护体的变形量,约为 22 mm,显然不能满足周边建筑物的变形要求,必须进行超前注浆,即采用悬臂桩与超前注浆结合的支护形式以保持周边建筑物的正常运行。

表 4-2　各土层的物理力学指标

| 层号 | 地层名称 | 含水率 $\omega(\%)$ | 天然重度 $\gamma$（kN/m³） | 孔隙比 $e$ | 凝聚力 $C$（kPa） | 内摩擦角 $\varphi$（°） | 液性指数 $I_L$ | 压缩模量 $a_{1-2}$（MPa⁻¹） | 压缩模量 $E_{s1-2}$（MPa） | 承载力特征值 $f_{ak}$（kPa） |
|---|---|---|---|---|---|---|---|---|---|---|
| ② | 粉土 | 20.5 | 17.8 | 0.895 | 14 | 19.8 | 0.53 | 0.15 | 5.6 | 105 |
| ③ | 粉质黏土 | 24.7 | 18.5 | 0.925 | 18.0 | 13 | 0.85 | 0.23 | 3.0 | 80 |
| ④ | 粉土 | 22.8 | 18.3 | 0.868 | 14 | 22.0 | 0.65 | 0.13 | 5.1 | 100 |
| ⑤ | 粉土 | 23.0 | 18.9 | 0.846 | 13.5 | 22.8 | 0.58 | 0.11 | 11.0 | 150 |
| ⑥ | 粉砂 | 23.9 | 20.5 | | 3.0 | 29.0 | | 0.05 | 24.0 | 240 |

采用悬臂桩与超前注浆结合的设计方案：

（1）悬臂桩：直径 600 mm，间距 1.5 m，长 19.0 m，其中嵌固深度 12.2 m。

（2）水泥土搅拌桩：直径 550 mm，搭接 200 mm，长 10.0 m，水泥含量 75 kg/m。

（3）超前注浆管两排呈八字形深入地下，长 8.2 m，孔径 120 mm，内置直径 46 mm 钢管，孔间距 1.0 m，采用双液高压注浆，注浆压力 3~5 MPa，水灰比 0.75∶1，具体见图 4-2。

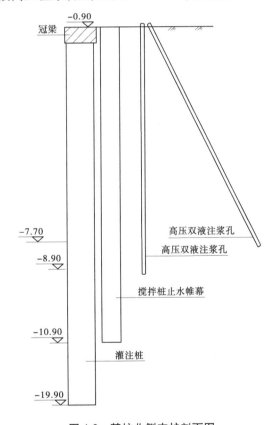

图 4-2　基坑北侧支护剖面图

监测结果显示，支护体桩顶水平位移仅 6.8~11.5 mm，对应 6F 建筑物沉降位移增加 4.8~6.9 mm。

该项目已于 2003 年 9 月结束，结果表明，超前注浆与复合土钉墙结合的设计方案较好地控制了支护体和北侧六层建筑物的沉降量。

# 4.4　小　结

（1）复杂环境条件下的基坑工程设计应按变形控制进行设计，其核心是对基坑支护体及周边环境的变形量控制。当预估变形量可能超过周边建（构）筑物允许的变形量时，必须进行超前注浆以控制周边建（构）筑物的不均匀沉降。

（2）工程实例中，采用超前注浆与不同支护体形式有效结合的复合型支护，较好地满足了周边环境的变形要求，基坑开挖和施工仅造成周边建筑物的轻微沉降，沉降量仅数毫米。

（3）超前注浆是一种隐蔽工程，控制好注浆质量是确保建（构）筑物满足目标值的前提，其中的布桩方式（间距、深度、角度）、注浆量、注浆压力和注浆时间及隐蔽工程的有效检测是设计、施工的核心。

## 参 考 文 献

[1] 龚晓南.基坑工程实例[M].北京:中国建筑工业出版社,2008:4-11.

[2] 侯学渊,杨敏.软土地基变形控制设计理论和工程实践[M].上海:同济大学出版社,1996.

[3] 孙家乐,等.深基坑支护结构体系变形控制设计[M].上海:同济大学出版社,1996:138-145.

[4] 熊巨华.软土地区围护结构变形控制设计[D].上海:同济大学,1999.

[5] 俞建霖,龚晓南.基坑工程变形性状研究[J].岩土工程学报,1999(4).

[6] 滕延京,张永钧,刘金波,等.既有建筑地基基础加固技术规范:JGJ 123—2012[S].北京:中国建筑工业出版社,2013.

[7] 王荣彦.复杂环境条件下高水位地区深基坑变形控制设计探讨[J].探矿工程,2012,39(4):12-14.

[8] 刘俊岩,应惠清,孔令伟,等.建筑基坑工程监测技术规范:GB 50497—2009[S]北京:中国计划出版社,2009.

[9] 许录明.郑州市中孚广场工程深基坑的支护设计与施工[J].岩土工程界,2004(3):17-19.

[10] 王荣彦,许录明,孙豫.基于超前注浆的深基坑变形控制设计[C]//第十届全国基坑工程研讨会文集.兰州:兰州大学出版社,2018:98-102.

# 5 基坑工程的概念设计与细部设计

## 5.1 基坑工程的概念设计和细部设计

如前所述,基坑工程概念设计是岩土工程概念设计的一个亚类,是一种设计理念,也是思路设计(或者路线图设计),是建立在正确理论基础上的对已有工程在基坑工程选型方面的设计经验进行总结并有效指导类似工程设计的一种设计理念。

徐杨青等[1-2]提出,深基坑工程的概念设计是指对整个基坑系统的整体设计,从整体和全局把握,分区分段,轻重结合,为满足基坑工程安全、经济、环保及工期合理的目标,通盘考虑支护、降水、挖土等施工过程及施工工序影响的设计理念,即首先勾勒出设计框架,从受限制的客观条件出发,初选出两种及以上比选方案,运用专家决策法,最终确定出最终方案。通过必要的分析和计算,对选定方案进行细部设计,通过优化设计条件和设计参数,进行详细的细部构造设计,方案提交后也要在实施过程中对最终方案进行优化和动态设计的过程。主要包括以下三个层次的设计。

5.1.1 面向典型岩土工程问题的概念设计。

5.1.2 面向技术经济条件对比的细部构造设计(指对已经确定的最终支护方案进行的细部设计和详细设计)。

5.1.3 面向复杂施工过程的动态设计。

基坑工程的概念设计与细部设计密不可分,是一个整体。由上述内容可知,基坑工程设计是全面、整体、系统的设计,既需要通盘考虑整个基坑系统的"条件和问题"的设计,还应充分考虑施工过程、施工工艺(挖土、支护、降水、基础桩、深浅坑问题等)等,对深大基坑及业主要求进行分区分块设计;必要时也应考虑支护体与主体结合的设计。具体步骤如下。

5.1.3.1 根据基坑设计三要素及当地成熟的设计经验初步确定两种设计方案。

5.1.3.2 对上述两种设计方案进行技术经济和工期比较后,确定一种方案。

5.1.3.3 先对已选定方案可能的变形量初步评估,当环境条件比较复杂,对变形要求严格时,宜考虑进行超前注浆控制变形。

5.1.3.4 对已选定的设计方案进行细化和优化设计。

需要指出的是,细部设计因支护结构选型的不同而有较大区别,具体如下。

1.桩锚支护结构

对某一确定的基坑,其基坑深度、地质条件、荷载条件已经确定,对桩锚支护结构,一般应对以下内容进行细化和优化:

(1)若基坑较深,环境条件允许,可以首先考虑基坑上部适当放坡做土钉墙(如预应力土钉墙),下部做桩锚支护结构。

(2)排桩的设计参数调整。如桩径、桩距、嵌固长度、排桩断面,增大支撑刚度或增大排桩的嵌固深度,另外排桩的施工工艺选择也应考虑。

（3）锚索方面。其位置、纵向与横向距离、直径、刚度、预应力设置的大小等，如两桩一锚与一桩一锚；当基坑较深、土层较差时或在砂层中考虑做大直径锚索；外拉环境有限时可考虑做大角度锚索等。

（4）冠梁位置调整。

（5）采用新技术、新工艺，如桩锚支护结构中的锚索由普通的预应力锚杆（索）调整为直径较大的扩大头锚杆；锚索的可回收技术的应用。

（6）开挖工况的设计和调整。

（7）一个大的基坑有不同支护形式时，如何将其有效连接的设计。

上述中若对任一参数进行调整，就会得到不同的内力、力矩、配筋变形结果及相应的安全系数。

2.预应力复合土钉墙结构

需要进行细化和优化的内容：①坡度及放坡数量；②土钉的角度、密度（间距）和长度（一般中部较长，为基坑深度的 1.2~1.5 倍）；③施加预应力大小；④开挖工况调整。

3.桩撑结构

（1）桩的设计。如本章所述，设计参数初选及调整包括桩径、桩距、嵌固长度、排桩断面，增大支撑刚度或增大排桩的嵌固深度，另外排桩的施工工艺选择也应考虑。

（2）撑的设计。包括常规的对撑、脚撑、斜撑及近年来流行的基于深大基坑的分区支撑、大环形支撑、预应力鱼腹梁型钢结构支撑及材料组成等。

（3）围檩设计。主要是起到使模板保持组装的平面形状、将模板与提升架连接成一整体的作用，在支撑体系中，围檩的刚度对于整个支撑结构的刚度有很大的影响。

（4）立柱设计。材料、规格、长度（持力层选择）。

（5）施加预应力问题。

（6）开挖工况的设计和调整。

（7）拆撑时的设计。

# 5.2　常见支护结构选型

基坑支护方案的选择与基坑开挖深度、场地工程地质及水文地质条件、场地环境条件密不可分，同时也与当地的设计经验与技术水平息息相关。据文献[9]及多年来设计经验，对近30年来常用的基坑支护形式总结如下：

（1）约50%为土钉墙支护结构，适用场地环境条件较好，基坑不深（约10 m以内），允许放坡。其特点是经济、快捷、工艺简单。

（2）20%~30%为各类复合土钉墙结构，一般当存在小于0.5~1.0倍基坑深度范围内有需要保护的建（构）筑物时，在中、深基坑应用比较普遍，多用于基坑深度在15 m以下。

所谓复合土钉墙，是指土钉墙与竖向微型钢管碎石桩、水泥土搅拌桩、高压旋喷桩、小直径灌注桩、预应力锚索等结合组成的基坑支护技术，其中的竖向微型桩提前植入土层，对基坑土层起超前支护、超前控制基坑变形的作用，其特点是安全度较高，控制基坑变形较好，成本不高（与桩锚支护方案比较）、施工工艺相对简单、造价较低。

复合土钉墙的样式繁多，如土钉墙+竖向微型桩（无砂混凝土小桩）类复合土钉墙；土钉墙+小型刚型桩(如钻孔桩、管桩、洛阳铲成孔等)类复合土钉墙;土钉墙+深层搅拌桩或高压旋喷桩或内插工字钢类复合土钉墙;土钉墙+预应力锚杆(索)类复合土钉墙或以上几种形式的组合,也有上部放坡或者土钉墙,下部复合土钉墙等。

(3)悬壁桩(钻孔灌注桩)支护结构。当基坑开挖深度不大(一般小于6.0 m),且场地环境条件比较宽敞(邻近建筑物一般在一倍基坑深度以外),场地对变形要求不甚严格时采用,该方案具有造价相对较高、工期较长、支护体变形较大的特点。

(4)水泥土挡墙支护结构。当基坑开挖深度不大(一般小于6.0 m),且场地环境条件比较宽敞(邻近建筑物一般在一倍基坑深度以外),场地对变形要求不甚严格时采用。该支护结构施工时要求水泥土挡墙厚度一般大于$0.4H$($H$指基坑深度),即2.2~2.4 m的水泥土挡墙厚度。该方案具有造价相对较高、工期较长、变形较大的特点。在20世纪90年代初有一定应用,目前应用较少。

(5)10%~15%为桩锚支护结构或者上部土钉、下部桩锚的联合支护结构,常见的为钻孔灌注桩(或CFG桩加内插筋)加一排(或多排)预应力锚索。适用于邻近建筑物多在(0.5~1.0)$H$基坑深度内且场地环境条件狭窄,环境条件对基坑变形有严格要求时采用,该种方案具有造价高、工序复杂、工期长的特点。

(6)5%~10%为桩撑支护结构。多用于基坑深度较大(一般大于10~25 m),土质较差,周围环境条件狭小,环境对变形严格要求的地段。其特点是安全但成本较高,工序较复杂,技术难度较大。

(7)少量的双排桩结构。适用于基坑深度不大于12 m,周围环境条件中有一定空间,但对变形有一定要求的地段。

(8)其他类支护结构,如钢板桩支护结构、闭合挡土拱圈支护结构、双排桩与短锚索、短土钉结合形式等。

基坑采用的支护形式见表5-1。

表5-1 基坑采用的支护形式

| 序号 | 支护形式 | 适用条件 | 不适用条件 |
|---|---|---|---|
| 1 | 土钉墙 | 有放坡空间,环境对变形要求不严格时 | 1.基坑较深时不适用;<br>2.环境对变形要求较高时不适用;<br>3.对软土基坑较深时不适用 |
| 2 | 复合土钉墙 | 1.环境对变形有一定要求不严格;<br>2.适用基坑深度一般小于15~18 m | 1.不适用太深基坑;<br>2.环境对变形要求严格时;<br>3.对软土较深基坑应慎用 |
| 3 | 桩锚支护 | 1.环境变形要求严格时;<br>2.适合较深基坑(如大于10 m及以上) | 受建筑红线或外侧建筑影响不允许外拉时 |
| 4 | 桩撑支护 | 1.环境对变形要求严格且不允许外拉时;<br>2.适合较深基坑(如大于10 m及以上) | 撑包括对撑、角撑、斜抛撑等。近几年出现了预应力鱼腹支护结构组合 |

| 序号 | 支护形式 | 适用条件 | 不适用条件 |
|---|---|---|---|
| 5 | 双排桩支护 | 不允许外拉且基坑不深（小于 10～12 m） | 基坑不能太深（如大于 12 m） |
| 6 | 钢板桩支护结构 | 1.基坑面积较小有水流地段；<br>2.适宜压入地层 | |

# 5.3 结合典型案例说明概念设计和细部设计的内容

以下以某桩锚支护结构的选型和细部设计为例,说明基坑支护设计中如何进行概念设计和细部设计。

## 5.3.1 工程概况及地质条件

项目位于郑州东区,主楼 28～33 层,共 8 栋,均采用筏板下静压管桩基础,建筑面积约 80 万 m²。基坑呈矩形:长 200 m、宽 150 m、基坑深 11.5 m。基坑的西侧、南侧紧邻城市主干道,距离仅 5～8 m。基坑影响范围内的土层为:0～7.0 m 为黄色稍密粉土,7.0～19.0 m 为灰色可塑粉质黏土夹灰色稍密粉土,19.0～29.0 m 为中密到密实细砂。地下水为潜水,地下水位埋深 5.5 m,各层土的物理力学指标见表 5-2。

表 5-2　各层土的物理力学指标

| 层号 | 土类名称 | 层厚(m) | 重度(kN/m³) | 浮重度(kN/m³) | 黏聚力(kPa) | 内摩擦角(°) |
|---|---|---|---|---|---|---|
| ① | 杂填土 | 1.4 | 18.0 | 8.0 | 10.0 | 15.0 |
| ② | 粉土 | 1.9 | 19.3 | 9.3 | 18.0 | 20.0 |
| ③ | 粉土 | 2.5 | 19.7 | 9.7 | 16.0 | 22.0 |
| ④ | 粉土 | 2.9 | 19.8 | 9.8 | 15.0 | 22.6 |
| ⑤ | 粉土 | 2.2 | 19.2 | 9.2 | 15.0 | 22.5 |
| ⑥ | 粉质黏土 | 1.6 | 18.6 | 8.6 | 25.0 | 12.0 |
| ⑦ | 粉土 | 2.4 | 20.1 | 10.1 | 16.0 | 23.0 |
| ⑧ | 粉质黏土 | 4.3 | 18.7 | 8.7 | 18.0 | 15.0 |
| ⑨ | 粉砂 | 2.5 | 20.5 | 10.5 | 3.0 | 29.0 |
| ⑩ | 细砂 | 8.8 | 20.5 | 10.5 | 2.0 | 32.0 |

## 5.3.2 环境条件

拟建一期工程场地南侧约 10 m 为城市繁华道路路边线,西侧约 9 m 为城市道路路边线,分布有各类管线,需采取工程措施加以保护。北侧为尚未开发的二期场地,场地开阔;东侧离城市繁华道路较远,超过 50 m。

## 5.3.3 基坑支护方案概念设计(方案比选)及确定

根据"基坑设计三要素"(基坑深度、地质条件及环境条件)及当地较为成熟的设计经验,提出适合本场地的三种支护方案(考虑地下水因素,在基坑南侧、西侧采用双排水泥土搅拌桩截水方案)。

### 5.3.3.1 土钉墙支护方案

由于基坑土质较差,地下水位较浅,且位于闹市区,紧邻道路。因此,对变形有较严格要求,对该土钉墙方案予以否定。

### 5.3.3.2 复合土钉墙支护方案

因本场地拟设计水泥土搅拌桩止水帷幕,考虑到一桩多用,确定适合本场地的复合土钉墙方案有水泥土搅拌桩复合土钉墙、水泥土搅拌桩预应力锚索复合土钉墙、SMW 法的预应力锚索复合土钉墙、钢管桩复合土钉墙等。

### 5.3.3.3 桩锚支护方案

支护方案采用联合支护法,即上部采用土钉墙支护形式,下部采用桩锚支护。

### 5.3.3.4 支护方案的确定

业主单位邀请有关设计单位及专家对本方案进行论证,在对上述方案进行技术、施工可行及工艺成熟性等进行对比,确定了在基坑南侧、西侧的支护方案采用联合支护形式,即上部 5.0 m 采用土钉墙支护形式,下部采用桩锚支护,图 5-1 为该工程联合支护结构剖面图。

## 5.3.4 方案优化及细化内容

(1)支护桩采用 CFG 后插筋压灌混凝土灌注桩,代替常见的普通泥浆护壁钻孔灌注桩,避免了大量排浆污染场地及运输泥浆的麻烦,同时也节约了成本。

(2)CFG 后插筋钻孔灌注桩。采用不均匀配筋,利用护坡桩"内压外拉"的受力模式,确定近坑壁一侧少量配筋、近土体一侧适当多配筋。以上两项初步估算比采用普通的泥浆护壁钻孔灌注桩可节约成本 30% 以上。

(3)锚索。采用"两桩一锚",其中的锚索采用带扩大头的锚索,直径 400 mm,集钻孔、置锚为一体,代替了普通的预应力锚索(直径小,一般 150 mm,先钻孔,再置入锚索并注浆),避免了因大量排浆而导致的地面不均匀沉降,也节约了普通的一桩一锚的成本。

具体设计参数见表 5-3~表 5-6。计算的支护结构安全系数见表 5-7。

表 5-3 上部土钉墙坡度信息

| 坡号 | 台宽(m) | 坡高(m) | 坡度系数 |
|------|---------|---------|----------|
| 1 | 1.65 | 5.0 | 80.0 |

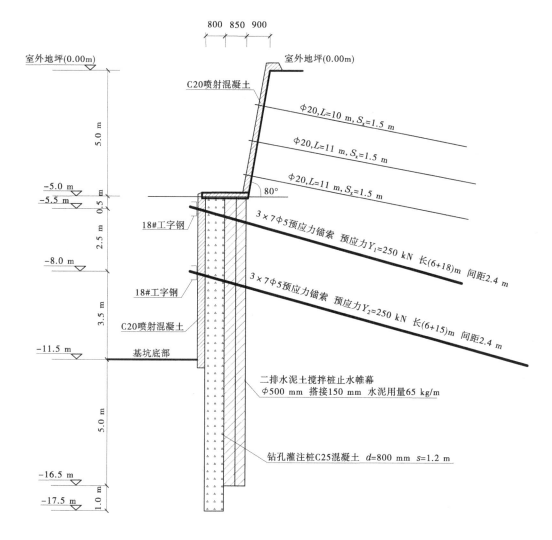

图 5-1  联合支护结构剖面图

表 5-4  止水帷幕(水泥土搅拌桩)设计有关参数

| 桩型 | 桩径<br>(mm) | 有效桩长<br>(m) | 桩间距<br>(m) | 桩顶标高<br>(m) | 喷灰量<br>(kg/m) | 排数<br>(排) |
|---|---|---|---|---|---|---|
| 水泥土搅拌桩 | 500 | 11.50 | 0.35 | −5.00 | 65.0 | 2 |

表 5-5  下部护坡桩设计有关参数

| 桩径<br>(mm) | 桩长<br>(m) | 主筋 | | | 加强筋 | | 箍筋 | | 桩顶标高<br>(m) | 间距<br>(m) |
|---|---|---|---|---|---|---|---|---|---|---|
| | | 规格 | 根数 | 长度 | 规格 | 间距 | 规格 | 间距 | | |
| 800 | 12.5 | Φ22 | 12 | 12.5 | Φ12 | 2.0 | Φ8 | 0.20 | −5.0 | 1.2 |
| 施工要求 | 主筋预留500 mm伸入冠梁,浇筑混凝土强度等级C25,自然地面标高为±0.000 m | | | | | | | | | |

表 5-6　预应力锚桩设计有关参数

| 锚桩钻孔 | | 锚索长度(m) | | 钢绞线 | | 标高(m) | 间距(m) |
|---|---|---|---|---|---|---|---|
| 排数 | 孔深(m) | 孔径(mm) | 自由段 | 锚固段 | 规格 | 长度(m) | | |
| 第一排 | 24.2 | 400 | 6.0 | 18 | 3 根 7 Φ 5 | 24.0 | −5.5 | 2.4 |
| 第二排 | 21.2 | 400 | 6.0 | 15 | 1860 级 | 21.0 | −8.0 | |

注:第一、二排锚索施加预应力为 250 kN。采用普通 42.5 号纯水泥浆,水灰比 0.75：1,泵压力值为 1.2~2.4 MPa,注浆总量不少于 180 kg/m。

桩顶冠梁设计参数:截面面积 500 mm×800 mm,浇筑混凝土强度等级 C25,配筋 6 Φ 18,箍筋 Φ 8@ 200,加强筋 Φ 12@ 2000。腰梁:2×20#槽钢。楔型垫板:250×250,钢板厚 25 mm。锚具、夹片:OVM15 系列。

表 5-7　计算的支护结构安全系数

| 基坑深度(m) | 预估桩顶最大变形(mm) | 抗倾覆验算 | 整体稳定验算 | 抗管涌验算 | 抗隆起验算 |
|---|---|---|---|---|---|
| 11.5 | 23.5 | 1.323 | 1.375 | 3.473 | 4.682 |
| 一级基坑标准 | 30.0 | 1.30 | 1.35 | 1.1 | 1.8 |

## 5.3.5　监测情况

在基坑桩顶布置 6 个水平位移监测点,路面布置 6 个沉降监测点。实测结果表明,桩顶水平位移在 5.6~12.0 mm(预估的桩顶水平位移为 23.5 mm),桩顶最大水平位移相当于基坑深度 0.11%H。对应的地面沉降在 2.9~6.8 mm(预估的地面沉降:三角形法为 23.0 mm,抛物线法 16 mm,指数法为 34 mm)。根据对郑州东区类似地层、类似深度、类似支护形式的基坑变形调查结果,其桩顶最大水平位移多在 18.5~39.0 mm,相当于基坑深度的 0.22%H~0.38%H。

从上述基坑工程概念设计(方案选型)及细化设计方案的过程可以看出,在总体方案选型正确的基础上,进一步优化设计方案对控制基坑位移影响显著,它是复杂环境条件下深基坑变形控制设计中的最基础环节。

## 参 考 文 献

[1] 徐杨青.深基坑工程设计的优化原理与途径[J].岩石力学与工程学报,2001(2):248-251.

[2] 徐杨青.论深基坑工程设计的概念设计[J].资源环境与工程,2006(S1):656-666.

[3] 秦四清.深基坑工程优化设计[M].北京:地震出版社,1998.

[4] 李世阳.基于综合权重的基坑支护方案评价模型的研究[D].郑州:郑州大学,2011.

[5] 贺晨.基坑支护方案的优化设计及施工过程受力变形特性研究[D].长沙:中南大学,2011.

[6] 何艳平.北京某超深基坑土钉—桩锚复合支护的优化设计[D].长春:吉林大学,2011.

[7] 黄贵珍,周东.基于遗传算法的基坑桩锚支护优化设计[J].桂林工学院学报,2000(S1):86-90.

[8] 冯庆高.地铁深基坑支护方案优选决策研究[D].武汉:中国地质大学,2010.

［9］王荣彦.郑州东区基坑支护型式探讨［J］.探矿工程(岩土钻掘工程),2006(12):14-17.

［10］包旭范.软土地基超大型基坑变形控制方法研究［D］.成都:西南交通大学,2008.

［11］姜安龙,邱明明,吴彬,等.深基坑开挖支护变形规律及控制措施研究［J］.施工技术,2013,42(1):59-64.

［12］吕三和.深基坑支护变形控制设计与研究［D］.青岛:中国海洋大学,2003.

［13］郑刚,李志伟.不同围护结构变形形式的基坑开挖对邻近建筑物的影响对比分析［J］.岩土工程学报,2012,34(6):969-977.

［14］吴铭炳.软土基坑排桩支护研究［J］.工程勘察,2001(4):15-17,38.

［15］徐中华,王建华,王卫东.软土地区采用灌注桩围护的深基坑变形性状研究［J］.岩土力学,2009,30(5):1362-1366.

［16］覃志毅.软土基坑墙后地表沉降估计研究［D］.武汉:武汉大学,2004.

# 6 基坑的降水、隔水与排水

基坑降水是指在开挖基坑时,地下水位高于开挖底面,地下水会不断渗入坑内,为保证基坑能在干燥条件下施工,防止边坡失稳、桩间土中流砂、坑底隆起、坑底管涌和地基承载力下降而做的降水工作。

## 6.1 降水、隔水与排水方案设计原则

(1)保证基坑在土方开挖期间和地下室施工期间不受各类水的影响,保证基坑边壁和坑底土层的渗透稳定,防止管涌、流砂、坑底隆起等水害发生,基坑周边水位下降深度应低于基坑深度1.0 m,确保基坑挖土正常进行,符合安全性原则。

(2)基坑降、排水方案的设计应与基坑支护结构设计统一考虑,对因降排水、支护体选型及基坑开挖可能造成的地表变形进行统一考虑,控制在周边环境允许的范围内,确保在降水期间,基坑邻近的建(构)筑物及地下管线、道路等的正常使用。应避免因过大降深对周边建(构)筑物、道路、管线的影响。

## 6.2 降水、排水、隔水方案的选择

基坑工程中各类水的治理方法选择,应根据基坑开挖深度、周围环境、场地水文地质条件、含水层特征等综合确定。降水方案的选择与场地地质条件、地下水条件密切相关。

当降水会对基坑周边建(构)筑物、地下管线、道路等造成危害时,应采用截水方法控制各类水的流失,如设置各类止水帷幕;当坑底有高于基坑底板的承压水时应进行坑底突涌的稳定性验算,并采取有效的降压措施。

### 6.2.1 常见的降水、隔水、排水方案

据文献[1-14],常见的降水、排水和隔水方案包括以下几项。

#### 6.2.1.1 明沟、盲沟排水设计

当基坑不深、涌水量不大、坑壁土体比较稳定,不易产生流砂、管涌和坍塌时,可采用集水明排疏干地下水。

#### 6.2.1.2 管井降水方案

当含水层的渗透系数较大(一般大于3 m/d),含水层为粉砂、细砂及卵、砾石层,水量比较丰富,降深幅度要求较大时,常采用管井降水,同时利用管井降水可对深部细砂层中的承压水进行减压降水,防止基坑底板发生突涌现象。

#### 6.2.1.3 轻型井点降水设计

降水井点类型应根据基坑含水层的土层性质、渗透系数、厚度及要求降低水位的高度选用。井点类型包括真空井点、喷射井点、电渗井点等。一般适用于填土、粉土及粉质黏土等

弱含水层、含水层涌水量不大、降深要求较小时,多采用轻型井点(真空井点)降水。

#### 6.2.1.4 管井降水+轻型井点结合的降水方案

一般在坑中较深部位及坑底为黏性土层时常采用管井与轻型井点结合降水。

#### 6.2.1.5 以管井为主+轻型井点+自渗管井(浅井)多种降水方法结合的降水方案

这种方法是利用水泥管井对深部细砂层中的承压水进行减压降水,利用轻型井点疏干上部粉质黏土中的潜水(上层滞水),利用自渗管井(浅井)主要是疏干上部粉土层中的潜水。

#### 6.2.1.6 隔水方案

可采用竖向隔渗(悬挂式竖向隔渗和落底式竖向隔渗)、水平隔渗或两者相结合的坑周及底部隔渗。

#### 6.2.1.7 隔渗、降水及明沟排水相结合的降水方案

常用的降水方法和适用条件见表6-1。

表6-1 常用的降水方法和适用条件

| 降水方法 | 适用地层 | 渗透系数(m/d) | 降水深度(m) |
|---|---|---|---|
| 集水明排 | 粉土、老黏土、含薄层砂砾的黏土、粉细砂 | ≤ 0.50 | ≤ 3.0 |
| 轻型井点及二级井点 | 粉土、老黏土、含薄层砂砾的黏土、粉细砂 | ≥ 0.005 且 ≤ 0.50 | ≤ 6.0 及 ≤ 6 ~ 10.0 |
| 喷射井点 | 粉土、老黏土、含薄层砂砾的黏土、粉细砂 | ≥ 0.005 且 ≤ 0.50 | 8 ~ 20.0 |
| 电渗井点 | 黏土、淤泥质黏土、淤泥等 | ≤ 0.005 | |
| 管井 | 粉土、粉细砂、砾砂、卵石等粗粒土 | ≥ 0.10 | 任何深度 |
| 自渗管井 | 黏质粉土、粉细砂、砾砂、卵石等粗粒土 | ≥ 0.10 | 一般小于2.0 |

#### 6.2.1.8 观测孔设计

一般在止水帷幕外或者管井间设置观测孔。井深以观测到上部潜水层或上层滞水的水位为原则,不应打穿承压含水层的隔水顶板,目的是检验基坑内土层降水效果,指导基坑挖土施工。

### 6.2.2 降水、排水、隔水方案设计与计算

#### 6.2.2.1 管井降水的设计与计算

详见6.5.1部分。

#### 6.2.2.2 止水帷幕的设计与计算

1. 止水帷幕厚度的确定

止水帷幕的厚度应满足基坑抗渗要求,止水帷幕的渗透系数宜小于 $1.0 \times 10^{-6}$ cm/s,按照水利行业规范的规定,相当于微透水级。

**2.止水帷幕深度的确定**

通过计算和对地层结构(含水层和隔水层)分布特征的分析综合确定帷幕长度。

落底式竖向止水帷幕应插入下卧的不透水层,其插入深度可按式(6-1)计算。

$$L = 0.2h_w - 0.5b \tag{6-1}$$

式中  $L$——帷幕插入下卧的不透水层(隔水层)的深度;

  $h_w$——坑内外水头差;

  $b$——止水帷幕的厚度。

根据在河南平原地区多年设计及实践经验,一般多层建筑物基础形式多为筏板基础或条基 + 水泥土搅拌桩基础,基础刚度整体性较好,其抵抗变形能力较好。当邻近建筑物距离基坑大于 1 倍基坑深度时,降水幅度较小时,一般可不设止水帷幕,即采用敞开降水,不会对周边建筑造成过大的不均匀沉降,但应加强监测。

#### 6.2.2.3 基坑底的抗突涌验算

基坑底的抗突涌验算(见图 6-1)可按式(6-2)计算:

$$k_{ty}H_w\gamma_w \leqslant D\gamma \tag{6-2}$$

式中  $k_{ty}$——坑底抗突涌安全系数,对于大面积普遍开挖的基坑,不应小于 1.20;

  $D$——基坑底至承压含水层顶板的距离,m;

  $\gamma$——坑底 $D$ 范围内土层的天然重度,$kN/m^3$;

  $H_w$——承压水水头高度,m;

  $\gamma_w$——水的重度,取 10 $kN/m^3$。

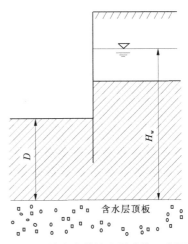

图 6-1  基坑底的抗突涌验算示意图

# 6.3  基坑挡水、排水方案设计

一般包括基坑顶部挡水墙设计及地面硬化、坑底部周边的排水沟、排水井设计、坡面排水管的设计及整个基坑的排水系统设计。

## 6.3.1  地面挡水墙设计及地面硬化

当地表有杂填土或者湿陷土分布时,应对基坑顶部坡面周围硬化,挡住可能流入基坑的水,通过设置挡水墙或坡顶设置排水沟控制。

## 6.3.2  基坑底部排水沟设计

坑底部排水沟设计应注意以下几点:

(1)排水沟边缘离开坑壁边脚应不小于 0.3 m,排水沟底面应比相应的基坑开挖面低 0.3 ~ 0.5 m,沟底宽宜为 0.3 m,纵向坡度宜为 0.2% ~ 0.5%。当基坑开挖深度超过地下水位之后,排水沟与集水井的深度应随开挖深度不断加深,并及时将集水井中的水排出基坑,严禁排出的水回流入基坑。

(2)在基坑四角或坑边应每隔 30 ~ 40 m 布设集水井,集水井底应比相应的排水沟低 0.5 ~ 1.0 m,集水井直径宜为 0.7 ~ 1.0 m,井壁可砌干砖,插竹片、木板,或用水泥管等临时支护,井底宜铺一层0.3 m厚碎石做反滤层。

(3)地下水位有一定的水力坡度时,集水井宜优先考虑布置于地下水的补给侧。

(4)当基坑开挖深度较大且不同标高存在不同的含水层或透水层时,可在边坡不同高度分段放坡的平台上设置多层明沟。若地表水量较大,应在基坑外采取截流、导流等措施。

(5)对流入基坑内的明水通过设置积水坑排出,但不建议在坑底设置连续的排水沟,因设置排水沟会人为地加深基坑深度,坑底土质因水的浸泡造成坑底被动区土质变软,不利于基坑稳定。

### 6.3.3 坡面排水管的设置

坡面地层岩性变化较大或者基坑周边有上层滞水及管道渗水时应在坡面设置排水管。在坡面设置的排水管应充分考虑到场地地层结构的组合特征、管线分布、化粪池等因素。具体注意事项如下:

(1)上部细粒土下部粗粒土、上土下岩、上部粉土下部黏性土等接触部位易形成排泄基准面,该接触部位建议设置排水管。

(2)在有各类供水、污水管的底部因多年使用常会发生漏水。

(3)化粪池底部漏水地段。

(4)对可能进入基坑土体内的各类水通过在坡面设置排水管,导出后再集中排除。宜及时排除土体内部积水和明水,降低坡体内静水或者动水压力。

(5)整个基坑排水系统设计。

①流入排水井(汇水井)的水应及时排除,排水设备宜采用污水泵。

②当基坑周边地势低洼不易排水,或者表层分布有透水性较好的地层时,应设置完善、有效的排水系统,及时将水排除到基坑外一定距离,防止基坑水倒灌。

# 6.4 截水方案的选择

## 6.4.1 止水帷幕的作用与选择

### 6.4.1.1 止水帷幕的作用

(1)避免或大幅度减缓基坑降水对周围邻近建筑物、道路等的不良影响。

(2)避免或减缓地下水的渗透变形破坏,如流砂、管涌等。

(3)有时也可作为复合土钉墙中的组成部分,起到竖向微型桩的超前支护作用。

(4)当基坑采用排桩支护时,可加固桩间土,对桩间土起保护作用。

(5)考虑到因设置帷幕造成的基坑内外水位差,当进行锚索施工时因流砂、涌泥对地面沉降的不利影响。

### 6.4.1.2 止水帷幕的选择

根据以往降水与截水经验,基坑工程是否采用止水帷幕,主要取决于以下因素:

(1)邻近建筑物距离基坑的远近及邻近建筑物的基础形式。

(2)基坑的降水幅度。

(3)止水帷幕对桩间土保护的有利影响与因设置帷幕造成的基坑内外水位差对支护施

工造成的不利影响的分析与权衡。

### 6.4.2　止水帷幕类型

按照施工方法与施工工艺的不同可分为水泥土搅拌桩止水帷幕、高压旋喷桩止水帷幕、压力灌浆止水帷幕及具有止水帷幕作用的地下连续墙、钢板桩等,常采用的止水帷幕类型有水泥土搅拌桩、高压旋喷桩形式。

按照止水帷幕是否落底可分为落底式止水帷幕和悬挂式止水帷幕。

### 6.4.3　设计内容

#### 6.4.3.1　基坑敞开降水的可行性分析

一般可采用理论公式计算与工程经验类比法结合进行分析,公式见本书 3.4 节。

工程经验类比法:当基坑地质结构及地下水条件和基坑周边环境条件类似时,可以利用已有的成功经验进行工程类比分析。

#### 6.4.3.2　基坑周边环境条件

基坑周边环境条件务必查清、查准,除通常要求外以下两点也应注意:

1.邻近建筑物的基础形式、埋深

邻近建筑物基础形式能否搞清、搞准,直接关系到支护方案的选择及支护工程成本的大小。如邻近建筑物为筏板基础或复合地基,其整体性一般较好,抗变形能力较好,即使离基坑较近,经慎重分析和计算后,若能满足倾斜要求,也可不做水泥土搅拌桩止水帷幕,这样支护成本显然要小一些。

2.基坑周边上下水管道的距离、走向、埋深、结构、向外排水情况

当污水管线为脆性结构,离基坑较近时应仔细分析其对支护体稳定性的影响。一方面,任何支护体都有一定的变形量,而这个变形量对支护体和周围建筑物来说可能是安全的,但对邻近管线尤其是接头处往往是不允许的,可能造成接头处大量漏水;另一方面,多年的污水管线很少有不漏水的,这种漏水又对基坑稳定构成隐患,二者相互作用,再加上一些外来因素如突遇暴雨、外排水管道堵塞等不利因素组合,极易导致基坑失稳进而影响周边建筑物安全。

#### 6.4.3.3　以某基坑工程为例,分析基坑敞开降水的可行性

1.工程概况

拟建工程位于郑州市东北区繁华地段,该建筑物为商务办公综合楼,主楼地上 26 层,高 99.9 m,框筒结构;裙楼为 4 层商业用房,框架结构。主楼、裙房下均设 2 层地下室,基础埋深 8.7 m,电梯井附近深达 10.5 m。基础采用静压预制方桩基础,桩径 400 mm × 400 mm,有效桩长 16.0 m,单桩承载力特征值 1 300 kN。

2.工程地质条件

场地自上而下 30 m 内为全新统($Q_4^{al}$)地层,为一套黄河冲积形成的地层,具有典型的二元结构特征,上部为稍密粉土及软塑的粉质黏土,下部为粉砂、细砂层。各层土的物理力学指标见表 6-2。

场地地下水类型分为潜水和微承压水,其中潜水含水层岩性为第②~⑦层粉土,微承压水隔水顶板位于⑧层粉质黏土层,厚 2.9 m,含水层岩性为第⑨层粉砂和第⑩层细砂。在

2006 年 5 月基坑工程施工前期,受场地南侧邻近基坑降水影响所致,实测潜水地下水位为 5.1 ~ 5.9 m,承压水水位埋深 6.5 m。据调查,近 3 ~ 5 年潜水水位埋深 2.0 m,承压水水位埋深 3.5 m 左右。

**3. 环境条件**

本工程基坑北侧最近的一栋 7 层住宅楼距离基坑 9.0 m,该栋住宅楼为筏板下搅拌桩基础,开挖期间地下水位为 5.1 ~ 5.9 m,而本基坑中心要求的降水幅度最大不超过 5 ~ 6 m,以此估算,在距离基坑中心大于 9.0 m 以外的住宅楼处考虑到地下水降落漏斗的坡降影响,该处降水幅度最大不会超过 3 m。

表 6-2　各层土的物理力学指标一览表

| 层号 | 岩性 | 层底埋深（m） | 平均层厚（m） | 孔隙比 $e$ | 液性指数 $I_L$ | 标贯击数 $N_{63.5}$ | 承载力特征值 $f_{ak}$（kPa） | 压缩模量 $E_s$（MPa） |
|---|---|---|---|---|---|---|---|---|
| ② | 粉土 | 2.3 | 1.3 | 0.914 | 0.30 | 4 ~ 5 | 110 | 6.1 |
| ③ | 粉土 | 5.9 | 3.6 | 0.923 | 0.78 | 3 ~ 6 | 85 | 3.7 |
| ④ | 粉土 | 8.0 | 2.1 | 0.931 | 0.69 | 2 ~ 6 | 80 | 3.2 |
| ⑤ | 粉土 | 12.3 | 2.3 | 0.854 | 0.79 | 6 ~ 9 | 130 | 7.6 |
| ⑥ | 粉土 | 14.9 | 2.6 | 0.892 | 0.76 | 4 ~ 6 | 90 | 4.2 |
| ⑦ | 粉土 | 17.1 | 2.2 | 0.843 | 0.71 | 11 ~ 15 | 150 | 10.2 |
| ⑧ | 粉质黏土 | 20.0 | 2.9 | 1.122 | 0.58 | 5 ~ 7 | 100 | 4.3 |
| ⑨ | 粉细砂 | 23.0 | 3.0 | | | 18 ~ 25 | 220 | 18.5 |
| ⑩ | 细砂 | 32.2 | 9.2 | | | 30 ~ 45 | 260 | 25.0 |

**4. 计算与类似场地资料借鉴**

(1)理论公式计算。依据分层总和法对粉土层、黏土层进行沉降量估算,按照式(3-2),土层为高压缩性土,压缩系数为 0.55;土层原始孔隙比为 0.900,当基坑外住宅楼处水位下降 3 m 时,估算沉降量为 8.0 ~ 9.0 mm。

(2)类似场地类似基坑监测资料。根据邻近场地的监测资料,当地下水位下降 1 m,会使上部软土产生固结沉降 2 ~ 3 mm,当基坑外住宅楼处水位下降 3 m 时,估算沉降量 6 ~ 9 mm。

**5. 工程实测资料**

监测表明,基坑北侧住宅楼因降水引起的附加沉降为 1.7 ~ 4.4 mm,远小于早期预测的 8.0 ~ 9.0 mm,对筏板基础造成最大倾斜值为 2‰。

**6. 结论分析**

因该住宅楼为筏板基础,对筏板基础而言,如此小的固结沉降导致的基础倾斜约为 1‰ (沉降差按最不利组合 9 mm 考虑,基础宽度为 12 ~ 15 m,满足通常要求的筏板基础倾斜 4‰ 的规定。因此,确定敞开降水比较有利,对周边建筑物的不均匀沉降影响较小。另外,从经济因素考虑,若处理长度按 100 m 计算,采用两排水泥土搅拌桩,桩径 0.5 m,搭接 0.15

m,单根长度 16.0 m,按当时市场价格计算,需处理费用约 20 万元;若采用单排高压旋喷桩处理,单根长度 16.0 m,需处理费用约 36 万元,显然采用帷幕桩不经济且隐患较多。最后采用了敞开降水的方案,不再设置止水帷幕。

## 6.4.4 河南平原地区采用止水帷幕的经验与教训

### 6.4.4.1 在较深基坑中采用单排水泥土搅拌桩的"开衩"问题及基坑内外的高水位差使人工洛阳铲无法施工问题。

如在郑州东区,大量基坑工程实践经验表明,当基坑较深设置单排水泥土搅拌桩止水帷幕时,往往在 7 m 以下桩体容易"开衩"导致涌砂事故。同时,基坑内外的高水位差往往使人工洛阳铲无法施工,也容易导致钻孔涌砂,而涌砂又极易导致基坑变形及地面不均匀沉降。

根据王荣彦等[14],基坑发生涌砂对支护体变形影响较大。采用单排水泥土搅拌桩做止水帷幕时,一旦止水帷幕搭接不好或搅拌质量不均匀,极易出现涌砂事故,即使时间较短,支护体位移将有较大突变,一般数小时内可增加 10~20 mm。在该工程中,涌砂部位的支护体变形量比没有发生涌砂部位的支护体变形量多 20 mm,占支护体正常位移量(约 30 mm)的70%。因此,在软土地区设置单排水泥土搅拌桩应慎重分析后确定,特别是离建筑物较近时。否则,若基坑发生涌砂,极易导致建筑物发生过大的不均匀沉降甚至造成路面或建筑物拉裂事故。

若设置水泥土搅拌桩止水帷幕,在保证足够水泥含量的同时,按照文献[7]要求桩垂直度小于 1%,而水泥土搅拌桩搭接厚度一般在 150~200 mm。但事实上,即使保证桩垂直度小于 1%,桩长按 10 m 最不利因素组合,则至桩底两根桩可能偏差到 20 cm。事实上,郑州市许多基坑采用单排水泥土搅拌桩,当基坑开挖至 7~10 m 时,下部桩体都有不同程度的"开衩"现象,造成基坑涌砂,而基坑涌砂又进一步导致桩体变形。如郑州东区某基坑深 8.0 m,桩体在开挖至 -7.0 m 前桩体水平位移在 28 mm 左右,再向下开挖时桩体"开衩"较多,基坑大量涌砂,次日搅拌桩体变形已达 65 mm,一日之间变形量达 37 mm,险些造成基坑事故。另外,设置水泥土搅拌桩止水帷幕使基坑外保持高水位,洛阳铲难以成孔,通常改为 $\phi 48 \times 3.5$ mm 击入式注浆花管,由于工艺上的原因,浆液往往难以充填在土体与管体之间的环状间隙内,注浆质量不易控制,使土体提供的摩阻力有较大的折扣,故锚管长度要比原设计的土钉长度多 1/3 以上方可保证土钉墙的安全度,以弥补因注浆质量不易控制而可能造成的隐患。

### 6.4.4.2 基坑涌砂问题

基坑涌砂对支护体变形影响巨大,若基坑涌砂控制得好,则支护体变形一般小于规范规定;基坑涌砂控制不好,则支护体变形一般大于规范规定,接近警戒值甚至出现事故。主要原因有如下两点:

(1)设置单排水泥土搅拌桩在 7~8 m 以下,极易"开衩"造成基坑涌砂,存在设计缺陷或隐蔽工程施工质量问题。

(2)施工工艺不当,又没有采取及时、有效的施工措施。

多年的实践证明,控制涌砂最有效的方法就是挖土堆沙袋反压,然后在桩体背后采取低压与高压相结合的注浆措施。

# 6.5 管井与轻型井点降水设计

## 6.5.1 管井降水设计

管井降水设计主要包括以下内容。

### 6.5.1.1 井深设计

管井井深设计与基坑深度、基坑降水幅度、场地水文地质结构及含水层类型等密切相关。

### 6.5.1.2 含砂量

含砂量≤1/50 000(体积比,宜现场测试)。

### 6.5.1.3 井斜

终孔井斜<1°。

### 6.5.1.4 钻孔及井径结构设计

因井深较小,采用一径到底设计,井径为$\phi$600 mm,井管采用$\phi$388 mm水泥管,环状间隙填砾。

### 6.5.1.5 井底沉淀物

井底沉淀物小于井深的5‰,一般建议取20 mm。

### 6.5.1.6 管井单井出水量$q$计算

一般可根据地区经验或者通过抽水试验确定。在河南平原地区一般设计单井出水量为5.0~10.0 m³/h。在无抽水试验或者地区经验时,据文献[5]可采用下列方法计算:

(1)对于承压水完整井,可按式(6-3)计算:

$$q = 2.73\frac{kMs}{\lg R - \lg r_w} \tag{6-3}$$

式中 $M$——承压含水层厚度,m;

  $s$——地下水位降深,m;

  $R$——降水影响半径,m;

  $r_w$——井半径,m;

  $k$——渗透系数;

  $q$——单井涌水量,m³/d。

(2)对于承压水非完整井($l>5r$):

$$q = 2.73\frac{kls}{\lg\frac{1.6l}{r_w}} \tag{6-4}$$

(3)对于潜水完整井:

$$q = 1.366k\frac{(2H-s)s}{\lg R - \lg r_w} \tag{6-5}$$

式中 $l$——过滤器工作部分长度,m。

(4)对于潜水非完整井:

$$q = 1.366ks\left(\frac{l+s}{\lg R - \lg r_w} + \frac{l}{\lg \frac{0.66l}{r_w}}\right) \tag{6-6}$$

#### 6.5.1.7 基坑涌水量 $Q$ 估算

（1）对于窄长形基坑（长宽比 $L/B$ 大于10），当管井为潜水完整井时，基坑的涌水量按下式估算：

$$Q = \frac{kL(2H-s)s}{R} + \frac{1.366k(2H-s)s}{\lg R - \lg\left(\frac{B}{2}\right)} \tag{6-7}$$

式中　$Q$ ——基坑涌水量，$m^3/d$；

　　　$k$ ——含水层渗透系数，$m/d$；

　　　$L$ ——基坑长度，$m$；

　　　$B$ ——基坑宽度，$m$；

　　　$H$ ——潜水含水层厚度，$m$；

　　　$s$ ——地下水位降深，$m$；

　　　$R$ ——降水影响半径，$m$。

当管井为承压水完整井时，基坑的涌水量可按下式估算：

$$Q = \frac{2kMLs}{R} + \frac{2.73kMs}{\lg R - \lg\left(\frac{B}{2}\right)} \tag{6-8}$$

式中　$M$ ——承压含水层厚度，$m$。

（2）对于块状基坑（长宽比 $L/B$ 小于10），可将基坑简化为圆形基坑，其涌水量按照"大井法"估算。

如对块状基坑简化为圆形基坑，其等效半径 $r_0$ 按下式计算：

$$r_0 = \eta\frac{L+B}{4} \tag{6-9}$$

式中　$r_0$ ——换算的基坑等效半径；

　　　$\eta$ ——简化系数，当 $B/L \leq 0.3$ 时取 $1.14$，当 $B/L > 0.3$ 时取 $1.16 \sim 1.18$。

#### 6.5.1.8 管井数量与管井间距的确定

管井间距：一般对粗粒土含水层取 $15 \sim 20$ m，细粒土含水层取 $20 \sim 25$ m，特殊部位（如电梯井部位）宜适当加密。

$$n = 1.1\frac{Q}{q} \tag{6-10}$$

式中　$n$ ——井点个数，个。

#### 6.5.1.9 对群井降水时各井点出水量进行验算

按上述计算井点数 $n$ 尚应在满足降水深度的条件下，对群井抽水时各井点出水量进行验算，并以此来复核井点数设计的合理性。

对于潜水完整井，应满足下式要求：

$$y_0 > 1.1\frac{Q}{n\psi} \tag{6-11}$$

$$y_0 = \sqrt{H^2 - \frac{0.732Q}{k}\left(\lg R_0 - \frac{1}{n}\lg n r_0^{n-1} r_w\right)} \qquad (6\text{-}12)$$

$$\psi = \frac{q}{l} \qquad (6\text{-}13)$$

$$R_0 = r_w + R \qquad (6\text{-}14)$$

式中　$y_0$——降水要求的单井井管进水部分长度,m;

　　　$\psi$——管井进水段单位长度进水量,$m^3/d$;

　　　$R_0$——井群中心至补给边界的距离,m;

　　　$r_0$——圆周布井时各井至井群中心的距离,m。

对于承压完整井,$y_0$ 按下式计算:

$$y_0 = H' - \frac{0.366Q}{kM}\left(\lg R_0 - \frac{1}{n}\lg n r_0^{n-1} r_w\right) \qquad (6\text{-}15)$$

式中　$H'$——承压水头至该含水层底板的距离,m;

　　　$M$——承压含水层厚度,m。

当过滤器工作部分长度小于含水层厚度的 2/3 时,应采用非完整井公式计算。若求出的 $y_0$、$\psi$ 不满足上述条件,应调整井点数量和井点间距,再进行上式验算,直至满足上式条件后,再进行基坑降水深度验算。

#### 6.5.1.10　采用干扰井群抽水公式计算

采用干扰井群抽水公式计算的目的是检验基坑中心处水位降深值,确定其是否满足设计水位降深的要求,并以此调整井点数及井点间距。

对于潜水含水层:

$$s = H - \sqrt{H^2 - \frac{Q_0}{1.366k}\left[\lg R_0 - \frac{1}{n}\lg(x_1 x_2 \cdots x_n)\right]} \qquad (6\text{-}16)$$

对于承压含水层:

$$s = \frac{0.366Q_0}{kM}\left[\lg R_0 - \frac{1}{n}\lg(x_1 x_2 \cdots x_n)\right] \qquad (6\text{-}17)$$

式中　$s$——基坑中心处地下水位(头)降深值,m;

　　　$Q_0$——由 $n y_0 \psi$ 的乘积得出的基坑抽水总流量,$m^3/d$;

　　　$x_1,x_2,\cdots,x_n$——从基坑中心距各井点中心的距离,m;

　　　$H$——含水层的水位高度,m。

若要求各井点降深 $s_w$ 值,则在式(6-16)和式(6-17)中,各井点距离 $x_1$ 需与所求井点的半径 $r_w$ 相乘,然后按式(6-16)和式(6-17)计算。

当计算得出的 $s$ 值不能满足降水设计要求时,则应重新调整井点数与井点距及布井方式,再进行 $s$ 值验算,直至满足要求。

#### 6.5.1.11　施工设计要求

管井施工包括钻进方法选择、钻具选择、钻进参数选择及泥浆参数选择等;钻进结束后包括冲孔排渣、调整泥浆性能、通孔、下管前冲孔排渣、调整泥浆性能、下管、止水、固井、安装水泵、洗井、试抽或者抽水试验、竣工验收等工序。其钻进过程中各土层使用的泥浆性能参数及各土层含水层所对应的填砾厚度各不相同,具体要求见表6-3、表6-4。

表 6-3　钻进过程中需要使用泥浆的性能参数

| 土层名称 | 相对密度 | 黏度(s) |
|---|---|---|
| 黏土、粉质黏土 | 1.08～1.10 | 15～16 |
| 粉细砂 | 1.10～1.15 | 16～18 |
| 中砂 | 1.15～1.25 | 18～20 |
| 粗砂、砾砂等 | 1.25～1.35 | 20～24 |

表 6-4　含水层与对应的填砾厚度

| 含水层分类 | 对应的标准粒径筛分后重量比（mm,%） | 填砾厚度（mm） | 填砾规格（mm） |
|---|---|---|---|
| 粉土、粉质黏土 | ≤0.10 | 200～250 | 0.7～1.2 |
| 粉细砂 | ≥0.15 占60% | 200 | 1.20 |
| 中砂 | ≥0.25 占60% | 180 | 1.5～2.5 |
| 粗砂、砾砂 | ≥0.50 占60% | 180 | 2.5～3.5 |
| 砾石、卵石 | ≥1.00 占60% | 180 | 3.5～5.0 |

具体施工设计要求有以下四点：

(1)管井施工应按《供水管井设计施工质量验收规范》(CJJ 10)等规定进行施工与质量验收。井管、滤水管的长度及井管外侧回填料的高度应根据降水井的深度、地层结构及降水要求而定。

(2)设置于基坑内的降水井，穿越基础底板处，基础施工时应设止水环。降水施工组织设计应对排水管网、供电系统等进行周密布置，确保降水不间断运行。

(3)在降水维持运行阶段，应配合土方开挖和地下室施工对抽排水量、地下水位、环境条件变化进行控制，以求达到最佳状态。有条件时，可采用电子计算机辅助进行信息化控制。

(4)当后浇带施工完毕及基坑周边回填后，方可结束降水工程维持阶段，并按有关规定进行井孔回填处理。

## 6.5.2　轻型井点降水设计和施工

当含水层为渗透系数小于0.1 m/d的黏性土、淤泥或淤泥质黏性土时可采用电渗井点法；当含水层的渗透系数为2～50 m/d，需要降低水位高度在4～8 m时，可选用真空井点，当降深要求大于4～5 m时，可选用二级或多级真空井点；当含水层的渗透系数为0.1～50 m/d时，要求水位降深为8～20 m，可选用喷射井点法。

轻型井点降水系统包括井点管(过滤器)、集水总管、抽水泵、真空泵等，井点管直径一般为38～50 mm，长5～8 m；滤水管同径井点管，打眼包网，长度为1.0～1.5 m，成孔孔径100～150 mm，间距1.0～1.5 m；集水总管，为直径89～127 mm钢管，长30 m左右，一个集水总管通过软管与20个左右井点管连接，构成一组轻型井点降水系统。

设计时应注意以下问题：

(1)单级轻型井点降低水位深度不宜超过5～6 m，水平向影响范围一般不超过6.0 m，对宽度大于 6.0 m 基坑应增加轻型井点排数。

（2）当基坑及其周边一定范围内不同部位的水文地质条件相差较大时,可同时采用两种或多种井点类型。

（3）基坑降水井点宜沿基坑周边布置,当环境许可或设计有要求时可设在基坑外,基坑内降水的深度宜控制在开挖面以下 1.0 ~ 1.5 m。

（4）井点出水滤管长度可按式(6-18)设计:

$$l = \frac{Q}{\pi dnv} \tag{6-18}$$

式中　$Q$ ——流入每根井管的流量,$m^3/d$;

　　　　$d$ ——滤网外径,m;

　　　　$n$ ——滤网孔隙比,宜为 30% 以上;

　　　　$v$ ——地下水进入滤网的速度,m/d,与含水层的渗透系数 $k$ 有关,可取经验值 $\sqrt{k}/15$。

（5）一般在松软土中多采用水冲法,冲孔压力一般为 0.4 ~ 0.6 MPa,冲孔直径一般为 30 cm,井点管靠自重下沉,滤水管周围回填中粗砂,形成均匀密实的滤层,上部 1.0 m 以上用黏土球封实,以防漏气。

# 6.6　典型案例

## 6.6.1　工程概况及地质条件

见本章6.4部分。

## 6.6.2　工程环境条件

拟建场地环境条件比较复杂,具体环境条件见表6-5。

表 6-5　场地周围环境距基坑边线距离

| 所在场地位置 | 邻近建筑物名称 | 最近距离（m） | 说明 |
| --- | --- | --- | --- |
| 场地北部 | 三栋7层住宅楼 | 9.0 ~ 12.0 | 基础为筏板下搅拌桩基础 |
| 场地南部 | 道路<br>污水管道 | 26.3<br>约6 | |
| 场地西部 | 围墙及污水管道 | 4.0 | |
| 场地东部 | 小区道路 | 9.7 | |

基坑具体特征及环境条件见图6-2。

## 6.6.3　基坑降水方案设计

### 6.6.3.1　如前所述,本工程采用敞开降水。

### 6.6.3.2　**降水方案的选择**

根据在河南平原地区类似基坑的降水经验,适合本项目的降水方案有以下两种:

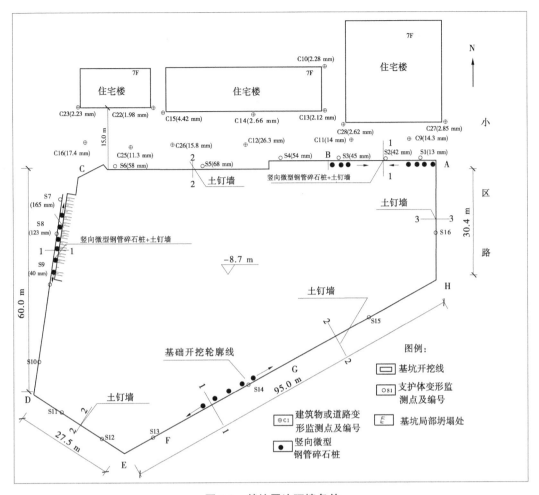

**图6-2 基坑周边环境条件**

方案1：水泥管井＋轻型井点的降水方案。

方案2：水泥管井＋自渗井的降水方案。利用水泥管井对下部细砂层中的承压水进行减压降水，利用自渗管井(浅井)主要疏干上部粉土层中的潜水。两种降水方案对比结果见表6-6。

**表6-6 方案1、方案2经济性比较**

| 项目 | 内容 | 经济性 |
|------|------|--------|
| 方案1 | 管井8眼＋9组轻型井点 | 若降水3个月，需26万元；<br>降水6个月，需51万元 |
| 方案2 | 管井14眼＋自渗井约30眼 | 若降水3个月，需14万元；<br>降水6个月需24万元 |

显然，采用方案2进行基坑降水在经济上优势明显。

### 6.6.3.3 基坑降水方案设计

**1. 大口径降水管井设计**

管井结构：当挖到基坑 -2.0 m 时设置降水管井，共布设 4 排，其中北侧 2 排，每排 5 眼管井；南侧 2 排，每排设 4 眼管井，计 14 眼管井。四周井距离基坑壁不大于 7 m，井间距 10～15 m，呈方格网布设。设计井深度 26 m，成孔直径 600 mm，井管采用无砂水泥滤水管，水泥管内径 300 mm，外径 388 mm，底部设沉淀管 2 m，水位以下(4.5 m 以下)至沉淀管以上为水泥滤水管，滤料为 1～3 mm 石英砂砾料，禁止用石末或石子做滤料。

**2. 基坑涌水量估算**

根据场地水文地质条件、基坑尺寸，结合工程类似经验，按照 JGJ 120—99 附录 F，按均质含水层，潜水 - 承压水非完整井基坑远离边界条件进行计算。

$$Q = \frac{1.366k(2H - M)M - 2h}{\lg(1 + \frac{R}{r_0})} \tag{6-19}$$

式中　$H = 30 - 2.5 = 27.5(\text{m})$；

　　　$M = 30 - 19.5 = 10.5(\text{m})$；

　　　$h = 26 - 9.1 = 16.9(\text{m})$；

　　　$Q_{总}$——基坑总涌水量，$\text{m}^3/\text{d}$；

　　　$k$——含水层渗透系数，取 5 m/d；

　　　$R$——降水影响半径，对承压水含水层 $R = 178.9$ m；

　　　$r_0$——对不规则基坑等效半径 $r_0 = 130.6$ m；

　　　$S$——水位下降值，$S = 10.5 - 2.5 = 8.0(\text{m})$。

把以上数据代入，得 $Q = 1\ 631.6\ \text{m}^3/\text{d}$。

**3. 单井涌水量确定**

根据郑州东区的地层特点，单井出水量一般在 20 m³/h，但从实际降水要求看：一方面，降水要确保水位降至底板下 1.0 m 以上；另一方面，又不能因过大出水量及过大降深导致基坑周边邻近建筑物和道路出现过大的不均匀沉降。因此，管井出水量不宜过大，根据郑州东区多年降水经验，设计单井出水量在 5～10 m³/h。

**4. 自渗井设计**

主要包含以下两种设计：

(1)大口径自渗井(不下井管)。当挖到基坑 -2.0 m 时设置。设计口径 300 mm，井深 19 m，不下井管，以穿透第⑨层粉细砂为准。布置在降水管井之间及四周近基坑边壁处，井间距一般 10 m。钻至设计深度后要求冲孔换浆彻底，填入直径 3～5 mm 砾料作为渗水通道，这样可将上部潜水或上层滞水通过渗水通道导入下部砂层，达到疏干上层水的目的。

(2)大口径自渗管井。当挖到基坑底部 -8.5 m 时所在地层岩性为灰色粉质黏土，降水难度大。开挖至基坑底时根据现场实际情况布置浅管井，设计管井结构同降水管井，钻至设计深度后安装外径 388 mm 的水泥滤管，井深一般不穿透下部粉砂，目的是将上部潜水或上层滞水依靠其自渗能力通过滤管导入该管井中并随时抽走井筒中积水，以此达到疏干上层水的目的。

**5. 局部地段轻型井点布设**

开挖至基坑底 -8.5 m 时沿电梯井位置布置。每套轻型井点设备控制长度 30 m，井点管间距 1.5 m。

6. 观测孔设计

在基坑四周布置 10 眼观测孔,设计孔深 16 m,井径 150 mm,内置直径 10 mm 塑料管,底部打眼包网缠丝,环状间隙内填入 1～2 mm 粗砂。

上述水泥管井、大小口径自渗井、观测孔在基坑中的布置情况见图 6-3。

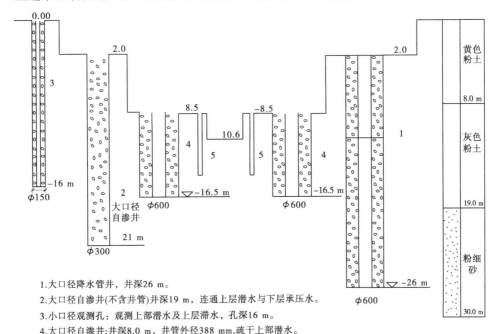

1.大口径降水管井,井深26 m。
2.大口径自渗井(不含井管)井深19 m,连通上层潜水与下层承压水。
3.小口径观测孔:观测上部潜水及上层滞水,孔深16 m。
4.大口径自渗井:井深8.0 m,井管外径388 mm,疏干上部潜水。
5.轻型井点:安装在电梯井附近。

**图 6-3 郑州东区某软土基坑降水管井、自渗井、轻型井点及观测孔布置示意图**

### 6.6.3.4 降水效果概述

本项目降水开始于 2006 年 6 月底,至 2006 年 10 月初结束。在降水开始后约 15 天承压水位降至 -18.0 m 左右,后期水位基本稳定在 -20.0 m 左右,详见 G1 井降深—时间关系曲线,如图 6-4(a)所示;在降水开始后约 15 天潜水位降至 -8.8～-9.2 m,以后水位基本稳定在 -9 m 左右;但在 7 月 29 日、30 日及 8 月 7 日、8 日有两次暴雨,造成潜水位上升至 -8.3 m 左右,具体详见 g5 井降深—时间关系曲线,如图 6-4(b)所示。当基坑开挖至 -8.5 m 时,基坑底大部分地段土质干燥,较好地满足了土方开挖的要求。

但降水期间以下两处效果欠佳:

(1)在基坑西北角某小区附近坑底处降水效果不太好。

原因分析:北侧西段某小区附近在地下约 2.0 m 埋藏有小区的下水管道,坑底坡角处溢出的地下水有明显异味。一方面,多年的污水管道由于施工质量及年久失修很少有不漏水的;另一方面,任何边坡的开挖都伴随有一定的变形,这种变形往往对邻近管线尤其管线接头处造成一定的损坏,进而造成接头漏水,坡角的不断渗水导致坑底不断积水,坑底土无法干燥,影响该处承台正常开挖。

对策措施:在基坑西北角某小区附近坑底处设置大口径自渗井,设计管井结构同降水管

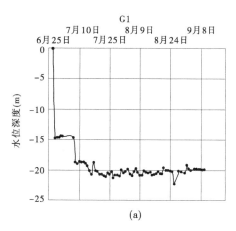

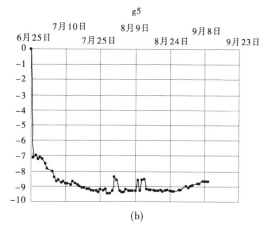

图 6-4 井降深—时间关系曲线

井,井深 8.0 m,钻至设计深度后安装外径 388 mm 的水泥滤管,环状间隙内填入砾石,目的是将上部潜水或上层滞水依靠其自渗能力通过水泥滤管导入管井中。资料显示,井筒内每 6 ~ 8 h 即积满,只要随时不间断抽走井筒内积水,就可达到疏干上层滞水的目的。4 ~ 5 天后,该处水位明显下降,平均每天下降约 10 cm,效果明显。

（2）在电梯井附近,该处开挖至 −10.6 m,在基坑底部存在一层粉土,即第⑤层粉土,呈灰褐色,厚度为 2.3 m,层底埋深为 9.4 ~ 10.5 m,承台底部正好坐落于该层,开挖时发现坑壁易坍塌,无法正常开挖。

原因分析:该层粉土黏性较大,渗透性较差,形成了一个隔水层,而在这层土之上的各层粉土透水性好,属相对透水层,这些潜水或上层滞水渗入该层顶板后由于上下地层透水性的差异较大,导致基坑底部形成积水,土中的含水率较大,导致在承台坑开挖过程中出现坑壁垮塌现象,特别是在电梯井处承台坑较其他部位的承台坑深,从基坑底往下需开挖 2.35 m,开挖时发现坑壁易坍塌,无法正常开挖。

对策措施:在电梯井周围安装二组轻型井点降水,降水从 8 月 26 日开始到 9 月 10 日结束,历时 15 天,降水效果良好,挖土及承台施工进展顺利。

#### 6.6.3.5　小结

实践证明,对郑州东区软土基坑中的潜水和微承压水可采用以降水管井与自渗井结合的降水方案为主,在局部地段短时间内采用轻型井点降水效果明显,与以往单纯的管井降水方法相比,可节省降水费用一半以上。设计时应注意以下几点:

（1）施工前应查明基坑周边及上部杂填土内分布的污水管线及渗漏情况,若渗漏量大,应考虑改线或采取堵漏措施,这样,可做到事半功倍的效果。否则,将对基坑降水造成严重不利影响甚至危及基坑安全。

（2）降水管井适用于郑州东部的砂性粉土地层,前提是必须做好地层换浆工作且应选用磨圆度较好的砾料,粒径以 1 ~ 3 mm 为宜。

（3）自渗井中大口径比小口径效果好,安置滤管的自渗井比仅填砾料的自渗井效果好。

（4）在 −8.0 m 以下的灰色粉土地层黏性较大,在电梯井地段安置轻型井点降水效果较好。

（5）基坑四周设置的观测孔观测的是上部潜水的地下水位,可以及时了解潜水位的下降情况,较好地指导降水工作,但容易损坏,在施工过程中应做好保护工作。

(6)雨季应有足够的水泵或污水泵、排水管、电缆等,以做好应急需要。

## 参考文献

[1] 中华人民共和国住房和城乡建设部.建筑基坑支护技术规程:JGJ 120—2012[S].北京:中国建筑工业出版社,2012.

[2] 王吉望,等.建筑基坑工程技术规范:YB 9258—97[S].北京:中国建筑工业出版社,1998.

[3] 吴林高,等.工程降水设计施工与基坑渗流理论[M].北京:人民交通出版社,2003.

[4] 姚天强,石振华,曹惠宾.基坑降水手册[M].北京:中国建筑工业出版社,2006.

[5] 供水水文地质手册编写组.供水水文地质手册 第二册[M].北京:地质出版社,1977.

[6] 马秉务,姚爱国.基坑边缘地面沉降计算方法分析[J].西部探矿工程,2004(1):12-14.

[7] 桂业琨,等.建筑地基基础工程施工质量验收规范:GB 50202—2018[S].北京:中国计划出版社,2018.

[8] 王翠英,殷坤龙,王家阳.建筑工程基坑降水设计方案优化的探讨[J].施工技术,2005(1):15-17.

[9] 严三保,胡庆兴,王昌义.基坑降水方案比较与设计参数的确定[J].南京工业大学学报(自然科学版),2004(4):58-61.

[10] 唐孟雄,赵锡宏.深基坑周围地表沉降及变形分析[J].建筑科学,1996(4):31-35.

[11] 张莲花.基坑降水引起的沉降变形时空规律及降水控制研究[D].成都:成都理工学院,2001.

[12] 骆祖江,张月萍,刘金宝.深基坑降水与地面沉降控制研究[J].沈阳建筑大学学报(自然科学版),2007(1):47-51.

[13] 张永波,孙新忠.基坑降水工程[M].北京:地震出版社,2000.

[14] 王荣彦,孙芳.某复合土钉墙支护体变形原因分析[J].土工基础,2007(4):10-12.

[15] 王荣彦.郑州东区某软土基坑降水排水方案的比较与选择[C]//第七届全国工程排水与加固技术研讨会论文集.北京:中国水利水电出版社,2008.

[16] 宋榜慈,李受祉.武汉地区工程中的地下水问题及其处理对策[J].工程勘察,2004(5):6-9.

# 7　施工过程控制与动态设计

## 7.1　概　述

　　基坑工程是隐蔽工程,设备和施工工艺、施工过程控制及土方开挖是基坑施工过程的有效组成部分,它直接决定了施工质量和施工成本,其中施工工艺选择不当会导致基坑变形过大;土方不合理开挖或者超挖也会导致基坑变形过大甚至基坑坍塌及周边建筑物的过大沉降。大量的工程实例表明,施工质量低下及超挖再加上水的因素造成基坑事故的比例高达80% ~90% ,可见"设计合理、稳妥施工、合理挖土、水的控制"对基坑成败的影响之大,所谓"三分设计,七分施工",合理的土方开挖设计、恰当的设备选型与工艺选择非常重要。这里的"水"包括上层潜水、下层微承压水,也包括浅部污水管道漏水,尤其对土钉墙结构及高水位软土地区、松散砂土基坑,显得特别重要。施工过程中"水"带来的问题轻者导致处理费用增加,工期加长;重者导致基坑坍塌,房屋开裂,引起纠纷、打官司、长期停工等。

## 7.2　土方开挖与配合

### 7.2.1　土方开挖的原则

　　(1)土方开挖方案编写与基坑支护设计方案选型(如有无内支撑结构及对基坑开挖的影响)、场地地质条件及设计工况相吻合。

　　(2)土方开挖要配合基坑支护和降水的原则。

　　(3)"分层分段,支挖有序、先支后挖、严禁超挖"的原则。

### 7.2.2　基坑挖土要求

#### 7.2.2.1　国家及行业有关规范、规程关于土方开挖的要求

　　如文献[1]第9章土方工程一节中:

　　第9.1.3条　土方开挖的顺序、方法必须与设计工况相一致,并遵循"开槽支撑,先撑后挖,分层开挖,严禁超挖"的原则。

　　文献[2]第九章基坑工程一节中:

　　第9.1.3条指出,基坑工程设计内容中应包括基坑土方开挖设计方案。

　　第9.1.9条(Q)　基坑土方开挖,应严格按照设计要求进行,不得超挖。基坑周边堆载,不得超过设计规定。

　　在文献[3]第6.4节基坑开挖中有7条针对挖土提出要求,这里列举4条:

　　第6.4.1条　截水帷幕及微型桩应达到养护龄期和设计规定强度后,再进行基坑开挖。

　　第6.4.2条　基坑土方开挖深度应与设计要求相一致,分段长度软土中不宜大于15 m,

其他一般性土不宜大于 30 m,基坑面积较大时,宜分块分区、对称开挖。

第 6.4.3 条　上一层土钉注浆完成后的养护时间应满足设计要求后再进行下层土方开挖,预应力锚杆应在张拉稳定后,再进行下层土方开挖。

第 6.4.4 条　土方开挖后应在 24 小时内完成土钉及喷射混凝土施工,对自稳能力差的土体宜采用二次喷射,初喷应随挖随喷。

在文献[5]第 15 章基坑开挖一节中:

第 15.2.2 条:土方开挖应遵循场地地质条件进行开挖,应"分层开挖,先撑后挖",在软土层及变形要求严格时应"分层、分区、分块、分段、抽槽(条)开挖、留土护壁(预留土墩)、快挖快撑等"。

#### 7.2.2.2　其他有关文献关于基坑挖土的经验教训

文献[6]、[7]指出,①在某砂土基坑的土钉墙支护工程中即使不超挖,基坑边壁也不能太陡,超前支护作用效果有限;②变形有突发性,会瞬间发生突变,导致基坑坍塌。

文献[8]对某地下连续墙工程的监测表明,因超挖导致该支护体水平位移超过正常开挖下的 56%,如图 7-1 所示。

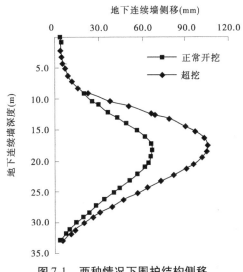

图 7-1　两种情况下围护结构侧移

#### 7.2.2.3　结论

综合以上有关文献,可得出以下结论:

(1)基坑支护工程设计中确定基坑开挖方案非常重要,为其中的关键一环。

(2)基坑开挖应纵向分层,与施工图设计方案中要求的设计工况相符。

(3)基坑开挖应横向分段、间隔抽条开挖,预留土墩等。

(4)尽量缩短基坑无支撑时的暴露时间,削掉基坑阳角等。

(5)对不同的支护结构开挖侧重点不一样:如对土钉墙工程强调分层、分段,严禁超挖,对桩锚或者桩撑工程强调对称开挖。

(6)对土钉墙支护工程,采用土钉墙支护时分层分段开挖,如在软土基坑中,每层开挖高度一般不应超过 1.0 m;在喷护前及时打入木桩或钢管防止土体局部坍塌,在稍密的砂土基中应尽量放缓开挖坡度。

（7）在稍密的砂土基坑中若无放坡空间,不能放缓开挖坡度,则应采取刚度较大的支护方案。

（8）基坑施工过程中应随时注意气候因素（如降大暴雨等）。

（9）强调挖土时应加强对支护体、桩体、坑内管井及附属水管、电缆设施及坑底土的保护。

（10）强调挖土与对坡顶、坡面、坡角的挡、排水措施的结合。

### 7.2.3　挖土方案设计

对土钉墙和复合土钉墙结构,可采用盆式抽条式开挖,即基坑中部地段采用盆式开挖,周边采用抽条式开挖,如图 7-2 所示。

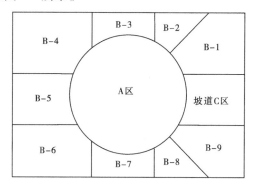

图 7-2　基坑挖土平面分布示意图

在图 7-2 中,除坡道 C 区外,B 区为基坑周边区域,A 区为基坑中部区域。对 A 区,多采用盆式开挖,一般一次可以开挖较深,但应满足基本安全要求,一般挖深不超过 3.0 m;对基坑周边 B 区块因紧邻基坑边壁,应采用抽条式间隔开挖（或称小步跳挖）,如第一次可开挖 B－1,B－3,B－5,…,支护完毕混凝土强度达到80%后可以进行第二次开挖,如 B－2,B－4,B－6 等。至于开挖条块的长度,应根据现场设备喷护能力和天气条件及地层特点确定,如 B 区块宽度一般为 10～15 m,以能满足设备及人员施工方便为原则。

# 7.3　施工过程控制

大量现场资料显示,施工过程控制及施工设备与施工工艺、施工参数选择对基坑变形影响较大。但目前尚没有关于因单项工程施工对基坑造成过大变形的典型事例,今后应重视这方面的调查、资料收集及有关专项监测及研究工作。以下就有关内容简述如下。

### 7.3.1　旋喷锚索的使用

对地层较软或流砂地层且环境条件比较复杂时,采用集钻进、注浆与安置锚索于一体的旋喷锚索,与普通锚索比较,可以缩短施工时间,最大限度地减少流砂时间和流量,从而减少了桩间土的流失,也可以有效地控制地面沉降的发生及邻近建（构）筑物发生不均匀沉降甚至裂缝的可能性。如再结合间隔施工等工艺,如"隔二做一""隔三做一"等,会使因锚索施工对桩间土及地面的沉降降至最小。

### 7.3.2 对膨胀土类采用桩锚结构支护的基坑

(1)因膨胀土遇水膨胀、爆晒干裂掉块的特点,对桩间土宜采用高压旋喷保护,可减少桩间土流失。

(2)对支护桩可采用旋挖工艺,对锚索宜采用干钻工艺,可有效地防止膨胀土遇水膨胀进而影响注浆质量问题。

### 7.3.3 施工参数选择

近建筑物处防止因施工工艺和参数选择不当而造成大量桩间土流土、流砂,应采取相应的措施,如间隔施工锚索,控制注浆压力、注浆量、密封长度的控制;锚索张拉、锁定时间及预应力大小等。

据文献[10],基坑发生涌砂对支护体变形影响较大。现场实践表明,采用单排水泥土搅拌桩做止水帷幕,一旦止水帷幕搭接不好或搅拌质量不均匀,极易出现涌砂事故,即使时间较短,支护体位移也将有较大突变,一般数小时内可增加 10.0～20.0 mm 。在该工程中,涌砂部位的支护体变形量比没有发生涌砂部位的支护体变形量多 20.0 mm,占支护体正常位移量(约 30.0 mm)的 70% 。因此,基坑工程中,严防因超挖及施工工艺选择不当可能造成的基坑侧壁涌砂,可以较好地控制基坑变形。

### 7.3.4 挖土参数控制

挖土参数包括如纵向的开挖深度;横向的条、块长度、间隔长度等,具体见本章 7.2.3 部分。

### 7.3.5 桩间土的有效保护

一般高压旋喷桩帷幕多用于高水位深基坑中,但地层较软或流砂地层且环境条件比较复杂时,即使地下水位较深,因桩间土的特殊性,也需要采用高压旋喷桩帷幕对桩间土进行有效保护。事实证明,采用该方法对桩间土的有效保护,客观上较好地控制了邻近基坑坡面处地面的塌陷、裂缝等问题的发生。

## 7.4 动态设计

基坑工程通常由挡土支护结构、降水、截水、止水系统、土方开挖、施工设备和施工工艺选择等诸多环节紧扣而成,任何一个环节失控,都可能酿成工程事故。深基坑工程是岩土体与支护结构、周边环境相互作用的一个动态变化的复杂系统,由于岩土层结构的复杂性、多样性,土性参数的变异性、离散性及获得方法的多样性,取得这些参数的不确定性,土的本构模型的局限性及支护结构设计计算模式的简化和假定条件,各类水(管道渗水、上层滞水、地下水、地表水等)的影响及周边环境的复杂性,降雨、挖土、施工质量及隐蔽工程验证的复杂性等原因,仅依靠理论分析和经验估计往往难以完全把握基坑支护结构和土体的变形破坏过程与特征,通过施工时对整个深基坑工程系统的及时监测,直接了解其变化动态,对这些监测信息进行及时分析,可较好地预测基坑系统的变化趋势。当出现险情预兆时,可做出预警,及时采取措施,保证施工和环境的安全。同时,还可根据定期监测得到的位移、应力信息,通过一定的反演计算模式反演原始的设计参数重新进行分析计算,适当修改设计或施工步骤,再继续施工和监测。

## 7.4.1 动态设计的含义

张钦喜等[10]认为,动态设计是基坑变形控制设计的核心。所谓动态设计,是将设计置于时间和空间的动态过程中,随施工过程中信息的不断完善和积累对已有设计进行必要调整,不断优化和完善的过程。

动态设计是伴随施工全过程的,将原有的设计和检测、监测结果反馈融为一体的动态性设计。它是指在基坑工程各个工序施工及不断变化的工程状况中(各单项工程、工序的施工、土方开挖、坑内基础桩施工等),通过对支护系统、降水系统、周边环境及建(构)筑物的检测与监测,不断审核原有设计方案,将取得的检测、监测成果与开挖中发现的地质问题与已有方案进行比较、分析,是基于动态监测信息对已有设计方案进行修正和完善的一种设计方法。而且它将原有设计、现场施工与检测、监测信息紧密结合,以期达到确保工程安全和工程质量、节约工期和减少工程成本等目的。它也是一种设计理念,是基坑工程设计中的重要组成部分。

## 7.4.2 动态设计的内容

当遇到以下情况时,均需要进行动态设计:

(1)因基坑加深、发现新的环境条件与已有的设计条件不符合,需要设计修改。

(2)随着基坑开挖,发现地质条件与原设计的地质条件、地下水条件明显不符,土性参数有较大差异时需要修改设计。

(3)土方超挖不符合已有设计工况,需要复核设计。

(4)基坑支护体或者周边环境变形过大或者超过警戒值时需要进行设计复核,必要时需要对支护结构采取加强措施或完善降水系统的设计。

(5)遇电梯井、坑中坑部位出现降水异常、局部坍塌等时。

# 7.5 施工过程控制与动态设计的典型案例

在基坑施工过程中,如发现邻近建筑物发生过大的不均匀沉降,应及时分析原因,进行动态设计,立即采取有关工程措施,以下结合工程实例说明基坑工程动态设计情况。

## 7.5.1 施工过程中采用注浆技术有效控制周边建筑物沉降案例

该工程位于郑州东区某基坑,基坑深度为自然地坪向下5.70 m。拟建工程基坑周边环境较差,北侧已建5层办公楼距基坑开挖线为3.20 m,筏板基础,西北侧食堂距基坑开挖线为3.20 m。

### 7.5.1.1 地质条件

基坑影响范围内的土层为:0~6.5 m为黄色稍密粉土;6.5~18.0 m为灰色可塑粉质黏土夹灰色稍密粉土;18.0~29.0 m为中密、密实细砂。拟建场地潜水地下水位埋深1.30 m。

#### 7.5.1.2 支护降水方案选择

采用桩锚支护＋水泥土搅拌桩止水帷幕。具体施工参数如下：

（1）单排水泥土搅拌桩墙止水帷幕直径 500 mm，咬合 150 mm，桩长 13 m。

（2）北侧 5 层办公楼地段设置预应力管桩一排，桩顶标高 -1.0 m，桩径 0.50 m，桩间距 1.60 m，长度 20.0 m，采用 PHC - AB500（100）。

（3）设置预应力锚杆一排，桩顶标高 -2.60 m，水平间距为 1.60 m，自由段长度为 5.00 m，锚固段长度为 13.00 m，施加 80.0 kN 的预应力。

（4）采用 12#槽钢梁将锚头连接，桩顶做 700 mm×500 mm 的钢筋混凝土压顶梁一道。

基坑项目开始于 2005 年 9 月 20 日，持续至 10 月 9 日，基坑开挖到地面下 4.5 m 时，北侧办公楼内侧角点沉降仅 10 mm，10 月 12 日基坑发生涌砂，此后办公楼内侧角点沉降发生巨变，到 10 月 20 日，已达 33 mm。为此，需要变更设计。自 10 月 16 日开始采用双液注浆，历时 7 d 慢慢遏制了办公楼内侧角点的快速沉降，到 10 月 28 日办公楼内侧角点的沉降达 40.2 mm。

采取注浆措施后 7 d 内仍缓慢下降，第 8 天后缓慢抬升，到 12 月 10 日，抬升至 24.6 mm 后保持稳定，如图 7-3 所示。

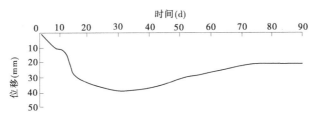

**图 7-3　注浆加固阶段的沉降变化曲线**

### 7.5.2　联合支护方案的过程控制典型案例

#### 7.5.2.1　工程概况

拟建场地位于郑州市区东部，拟建建筑为 7 栋超高层住宅、1 栋高层住宅，设 4 层地下室；2～4 层商业裙房及地下车库，设 3 层地下室，地基基础设计等级为甲级。拟建建筑物简况见表 7-1。

表 7-1　拟建建筑物简况

| 建筑物名称 | 地上层数 | 地下层数 | 基础埋深（m） | 拟采用地基基础形式 | 结构类型 | 基底平均压力（kPa） | 单柱荷载（kN） |
|---|---|---|---|---|---|---|---|
| 1# | 50 层 | 4 层 | 17.0 | 桩基 | 剪力墙 | 1 060 | — |
| 2#、4#、6#、7#、8# | 49 层 | 4 层 | 17.0 | 桩基 | 剪力墙 | 1 040 | — |
| 3# | 45 层 | 4 层 | 17.0 | 桩基 | 剪力墙 | 970 | — |
| 5# | 13 层 | 4 层 | 16.0 | 桩基 | 剪力墙 | 320 | — |
| 2 层商业及便民店 | 2 层 | 3 层 | 16.0 | 复合地基/桩基 | 框架结构 | 125 | 6 100 |
| 4 层商业 | 4 层 | 3 层 | 16.0 | 复合地基/桩基 | 框架结构 | 140 | 8 000 |
| 地下车库 | | 3 层 | 16.0 | 复合地基/桩基 | 框架结构 | 125 | 6 350 |

#### 7.5.2.2 环境条件

环境条件见表 7-2。

表 7-2 环境条件

| 位置 | 相邻建筑物 | 距基坑上边线最近距离 | 说明 |
|---|---|---|---|
| 东侧 | ××二期 | 13.5 ~ 24.8 m | 地下两层,管桩基础 |
| 南侧 | 6 ~ 34F 住宅楼 | 28.3 m | 高层建筑为地下两层 |
| 西侧 | ××路 | 3.1 m | 坡顶约 2.3 m 为广告牌 |
| 北侧 | ××路 | 7.6 m | 坡顶约 4.6 m 为广告牌 |

#### 7.5.2.3 地质条件

根据钻探、标贯、静力触探及室内土工试验结果,在勘探深度内将地层共分为20层。拟建场地在勘探深度(130 m)范围内,场地地层主要由三套地层组成,叙述如下:

第一套为第四系全新统($Q_4$):依岩性差异可分为上、中、下三段,上段($Q_{4-3}$)表层为人工堆积的杂填土,其下为黄河冲积形成的褐黄色、灰黄色粉土、粉质黏土层,是人类活动以来的新近沉积土,平均厚度约 7.5 m;中段($Q_{4-2}$)由灰色粉土、粉质黏土组成,成因为黄河河漫滩形成的静水相或缓流水相的沉积物,平均厚度约 12 m,底埋深 19.5 m 左右;下段($Q_{4-1}$)由灰色、褐黄色粉砂、细砂组成,其成因为黄河冲积沉积物,平均厚度约 11.5 m,底埋深 31 m 左右。

第二套为第四系上更新统($Q_3$)地层:其成因为冲洪积相,岩性由褐黄色的粉质黏土及少量的粉土组成,含钙核、铁质锈斑等,平均厚度约 24 m,底埋深 55 m 左右。

第三套为第四系中更新统($Q_2$)地层:其成因为冲洪积相,岩性由黄褐色、灰绿色的粉质黏土及少量的粉土组成,含钙核、铁质锈斑等,本层钻探深度内未揭穿。

现仅将 35 m 内地层的工程地质条件概述如下:

①杂填土:杂色,稍密,以建筑垃圾和建筑旧基础为主,如碎砖块、混凝土块为主,层底平均深度 1.3 m。

②粉土:褐黄色,稍湿 – 湿,稍密 – 中密,层底平均深度 3.5 m。

③粉质黏土:褐灰色 – 灰色,可塑,层底平均深度 5.2 m。

④粉土:灰色 – 浅灰色,湿,稍密 – 中密,层底平均深度 7.0 m。

⑤粉质黏土:灰色,可塑 – 软塑,层底平均深度 9.4 m。

⑥粉土:灰色,湿,中密,层底平均深度 12.5 m。

⑦粉质黏土:灰色 – 灰黑色,可塑 – 软塑,层底平均深度 17.0 m。

⑧粉土:灰色,湿,中密 – 密实,局部夹有粉砂,层底平均深度 18.2 m。

⑨粉质黏土:灰色 – 灰黑色,可塑,层底平均深度 20.0 m。

⑩粉砂:灰黄色 – 褐黄色,饱和,中密 – 密实,层底平均深度 22.0 m。

⑪细砂:褐黄色 – 灰黄色,饱和,密实,层底平均深度 31.2 m。

基坑工程设计参数采用值见表 7-3。

表 7-3　基坑工程设计参数采用值

| 土层 | 土名 | 重度 $\gamma$ (kN/m³) | 黏聚力 $C$ (kPa) | 内摩擦力 $\varphi$ (°) | 承载力特征值 $f_{ak}$ (kPa) | 压缩模量 $E_s$ (MPa) | 土体与锚固体极限黏结强度标准值 $f_{rbk}$ (kPa) | 土钉与土体极限黏结强度标准值 $q_{sk}$ (kPa) |
|---|---|---|---|---|---|---|---|---|
| ① | 杂填土 | 17.5 | 5.0 | 12.0 | | | 40.0 | 35.0 |
| ② | 粉土 | 18.4 | 10.0 | 15.0 | 125 | 6.5 | 60.0 | 55.0 |
| ③ | 粉质黏土 | 19.2 | 23.0 | 11.5 | 110 | 4.2 | 55.0 | 50.0 |
| ④ | 粉土 | 19.3 | 12.0 | 19.0 | 130 | 8.1 | 65.0 | 60.0 |
| ⑤ | 粉质黏土 | 19.3 | 22.0 | 11.0 | 120 | 4.6 | 60.0 | 55.0 |
| ⑥ | 粉土 | 19.3 | 10.8 | 20.0 | 135 | 8.5 | 65.0 | 60.0 |
| ⑦ | 粉质黏土 | 18.3 | 16.0 | 12.0 | 110 | 4.2 | 55.0 | 50.0 |
| ⑧ | 粉土 | 18.0 | 10.8 | 21.0 | 190 | 14.0 | 70.0 | 65.0 |
| ⑨ | 粉质黏土 | 17.7 | 17.0 | 10.8 | 150 | 6.0 | 60.0 | 55.0 |
| ⑩ | 粉砂 | 19.5 | 2.0 | 26.0 | 220 | 20.0 | 75.0 | 70.0 |
| ⑪ | 细砂 | 19.5 | 0.0 | 28.0 | 330 | 30.0 | 80.0 | 75.0 |

根据含水层的埋藏条件和水理特征，地下水类型为潜水，勘察期间测得场地静止水位埋深在现地表下 9.4~11.7 m，近 3~5 年中较高水位为 2.0 m，历史最高水位为 1.5 m；水位年变幅 2.0 m 左右，19 m（左右）以上的粉土、粉质黏土层为弱透水层，据邻近场地抽水试验得知，该含水层渗透系数为 0.51 m/d，下部砂层含水层渗透系数为 6.0 m/d。工程地质剖面图如图 7-4 所示。

#### 7.5.2.4　支护方案简介

限于篇幅，这里仅对北侧支护剖面进行介绍。北侧支护平面布置见图 7-5，支护结构剖面见图 7-6，上部 5.9 m 为 1:0.4 土钉墙，以下为桩锚支护方案，其中的锚索为高压旋喷桩锚索。

#### 7.5.2.5　施工过程与监测结果分析

北侧基坑施工开始于 2018 年 3 月 5 日，结束于 2018 年 10 月 18 日。其中，2018 年 6 月上旬到中旬完成了上部土钉墙施工，7 月 16~21 日浇筑西侧冠梁。以下结合施工过程对监测结果分析如下：

（1）进行上部土钉墙施工时，由于在地表下 2.0 m 左右分布有污水管线，土体含水率较大，特别是挖至 5.9 m 施工最后一排土钉时，在 6 月 5~15 日有少量漏水，此时坡体水平位移为 25.9 mm 和 49.2 mm，后施工冠梁时需下挖 1 m，发现大量渗水，并伴随少量坍塌，进行轻型井点降水后坡面渗水得到控制，才得以进行冠梁混凝土的浇筑。

（2）从图 7-7 知，在第一排锚索施加预应力后，第一排锚索应力一直在 200 kN，7 月 21 日后增至 223 kN，后在 8 月 10 日降至 59~68 kN。第二排锚索在 7 月 23 日刚开始施加预应力为 260 kN，但很快锐减至 90~79 kN。第三排锚索预应力于 8 月 21 日刚开始施加的 260 kN，很快减至 62~39.5 kN。

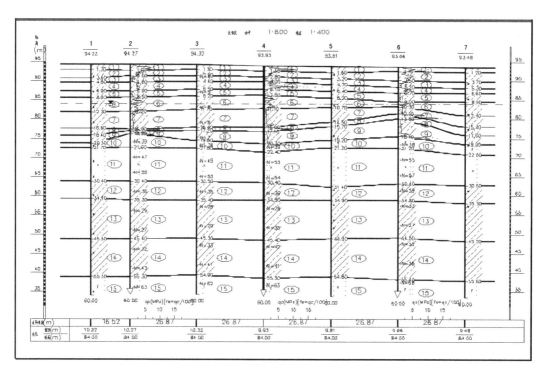

图 7-4 1—1′工程地质剖面图

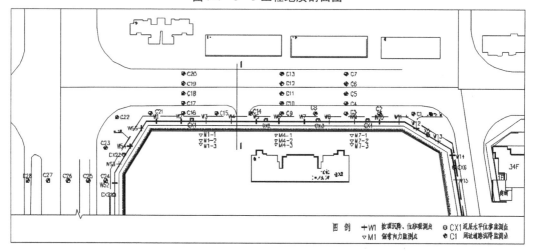

图 7-5 北侧支护平面布置

考虑到上部土钉墙水平位移及沉降较大,于 8 月 27 日确定对上部土钉墙进行加固。坡体中部施加一排预应力锚杆,长 18.0 m,同时在土钉墙坡底,即冠梁外侧施工一排微型桩,长 12.0 m,具体见图 7-6。

(3)但从图 7-8 知,在 7 月 16 ~ 21 日浇筑上部冠梁前,上部土钉水平位移约为 39 mm,对应竖向位移为 94.1 mm。

(4)从北侧道路垂直于基坑方向布置的三条道路沉降曲线(见图 7-7 ~ 图 7-11)知,其沉降曲线为折线形,距离基坑较近的道路沉降较大,远离基坑沉降变小。

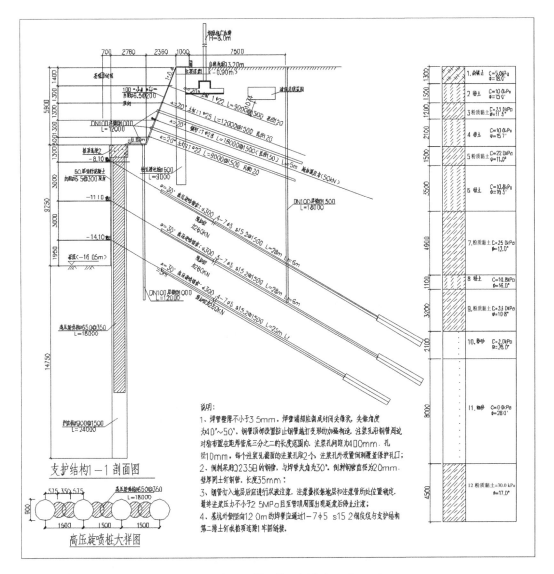

**图 7-6　北侧支护结构及后期加固剖面图**

### 7.5.2.6　几点认识

（1）该项目的基坑南侧为河南地区常见的联合支护结构，上部约 5.9 m 为土钉墙或复合土钉墙，下部为桩锚支护结构。当上部土钉墙结构水平位移为 25.9 mm，沉降为 49.2 mm，下部桩锚支护结构水平位移为 15～20 mm，约为相应基坑深度的 1.2‰。

（2）下部桩锚支护结构水平位移自始至终仅为十几个毫米，约为基坑深度的 1.3‰（有关表格从略），而设计要求地面道路沉降应不超过 30 mm，显然，下部桩锚支护结构沉降可完全满足地面道路的沉降要求。

（3）从基坑的运行效果看，基坑支护结构显然是安全的，但在周边道路的中部，大约在锚头部位出现一道延续几十米的纵向裂缝，上部宽 20～40 mm，裂缝两侧沉降差 10～30 mm，有明显的错台现象，造成较大的地面沉降。所幸及时发现和有效注浆，未造成不良的社会影响。分析有以下几个原因：

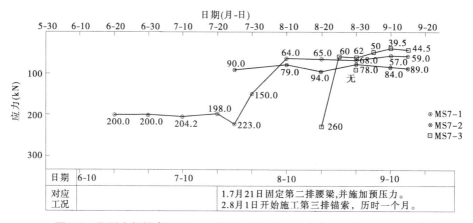

图 7-7　北侧中部锚索(MS7 – 1、MS7 – 2、MS7 – 3)应力与时间、工况关系曲线

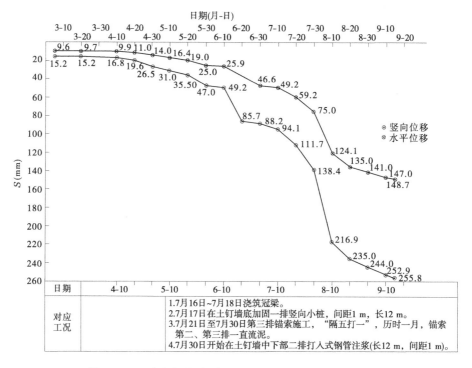

图 7-8　W8 点竖向位移、水平沉降随时间及开挖工况位移

①与上部土质较软、管道渗水造成土钉墙变形过大密不可分,特别施工到第五排土钉及开挖冠梁部位时出现大量渗水,此时地面道路及对应坡体有较大沉降。

②与锚索施工及伴随的流砂、流土现象有较大关系。

③锚索施工遵循了"隔3打1"的跳打工艺,但客观上延迟了腰梁的安装和及时施加预应力。

④下部锚索施工后对土钉墙中部施工预应力锚杆时也出现了较大的变形。

(4)应特别注意对地面道路的保护及报警值的确定。对联合支护结构,既要控制下部桩锚支护结构的安全和变形值,更要控制上部土钉墙的变形值,在本项目中,实际上上部(复合)土钉墙的变形值决定了地面道路的变形值。但对土钉墙的变形值限于目前的设计

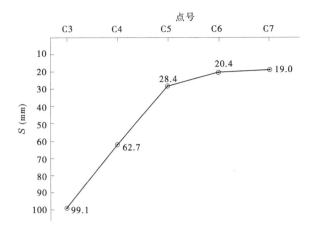

图 7-9　北侧道路沉降与时间关系（一）

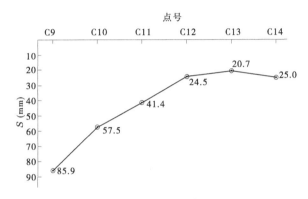

图 7-10　北侧道路沉降与时间关系（二）

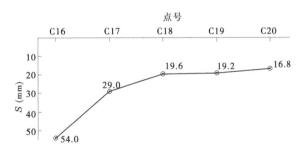

图 7-11　北侧道路沉降与时间关系（三）

方法及施工工艺问题,尚不能准确预测与计算。最好的办法就是尽量减少上部土钉墙的放坡高度,但客观上会造成下部多一排锚索,会急剧加大基坑施工的成本。

## 参 考 文 献

[1] 桂业琨,等. 建筑地基基础工程施工质量验收规范:GB 50202—2018[S]. 北京:中国计划出版社,2018.

[2] 滕延京,黄熙龄,王曙光. 建筑地基基础设计规范:GB 50007—2011[S]. 北京:中国建筑工业出版社,2012.

［3］刘俊岩,杨志银,孔令伟,等.复合土钉墙支护技术规范:GB 50739—2011［S］.北京:中国计划出版社, 2012.

［4］黄强,等.建筑基坑支护技术规程:JGJ 120—99［S］.北京:中国建筑工业出版社,1999.

［5］王吉望,等.建筑基坑工程技术规范:YB 9258—97［S］.北京:中国建筑工业出版社,1998.

［6］王荣彦.土钉支护技术在松散砂土基坑中的应用［J］.探矿工程(岩土钻掘工程),2006(3):19-21,23.

［7］陈全礼,王荣彦,张志敏.复杂环境条件下深厚砂层基坑支护方案设计及监测［J］.探矿工程(岩土钻掘工程),2012,39(8):54-56,60.

［8］孙钧.市区基坑开挖施工的环境土工问题［J］.地下空间,1999(4):257-266,338.

［9］罗阳洋.基坑超挖对围护结构变形的影响分析［J］.低温建筑技术,2013,35(3):115-117.

［10］张钦喜,孙家乐,刘柯.深基坑锚拉支护体系变形控制设计理论与应用［J］.岩土工程学报,1999(2): 26-30.

［11］刘国彬,王文东.基坑工程手册［M］.北京:中国建筑工业出版社,2009.

［12］王荣彦,孙芳.某复合土钉墙支护体变形原因分析［J］.土工基础,2007(8):10-12.

［13］王薇,罗超,李享松.基于动态设计理念的江洲深基坑内支撑优化设计［J］.铁道科学与工程学报, 2013(4):90-95.

［14］刘艳,梁沙河.深基坑工程的动态监测设计与施工研究［J］.建筑科学,2008(9):71-73.

［15］杨燕中.敏感环境下深基坑支护结构的动态化设计［J］.山西建筑科学,2015(11):61-62.

［16］董年才,沈国章,陆建忠.软土深基坑的动态设计与过程控制［J］.施工技术,2007,211:104-107.

［17］徐杨青.深基坑工程设计的优化原理与途径［J］.岩石力学与工程学报,2001(3):248-251.

# 8  基坑工程反分析

## 8.1  岩土工程反分析概述

据文献,早在20世纪70年代(1971年),Karanag 和 Clough 提出了反演弹性固体的弹性模量有限元方法,由此拉开了岩土力学位移反分析的序幕,进入80年代在我国得到广泛应用。综观以往有关文献[1-11],这些反分析多集中于边坡、隧道、洞室围岩的岩石力学方面的反分析,按照反分析的内容可分为位移反分析、应力反分析,以及包括位移和应力的混合反分析;按照工程类别可分为对边坡、洞室、隧道工程的岩土工程反分析。其中,因位移资料容易获得、经济方便且精度可靠而得到广泛应用(位移信息实际是场地岩土力学性质、设计方法及施工因素的综合反映)。按照在实测位移与待求参数间建立基本关系式(数学模型)的途径又分为解析法和数值法。其中,解析法因边界条件简单、待求参数较少、计算快捷方便而得到广泛应用。所谓岩土工程反分析,是指以现场的实测定量反映整个岩土系统正常运行的代表性的物理信息量(如位移、沉降、应力等)和已知的几何条件、介质条件、荷载条件等为基础,建立反演模型或本构模型(反映系统运行的数学模型或应力应变关系式),反复试算得到该系统某项或多项初始参数(如压缩模量、力学指标)的方法。

近20年来,岩土工程反分析逐渐向地基基础工程和基坑工程领域延伸。常采用的方法包括解析法、半经验法和数值方法。

结合文献[12],笔者也有同感,岩土工程反分析特别是数值法反分析因以下原因陷入"名声大、信誉低"的尴尬境地:

(1)反分析模型及结果的实用性问题:反分析一般应以实际应用为目的,但综观多种反分析方法,与工程结合的紧密度较差,目的性陷入误区,实用性比较欠缺;有的甚至追求或陷入本构模型越复杂越好,反演参数越多越好的误区,这也使得反演结果的可靠性越来越难以保证,其代表性让人怀疑。

(2)一般的反分析大多忽视施工过程、施工条件对反分析计算的影响。但大量工程实践表明,施工方法、开挖步长对工程变形和应力产生的影响往往比较大。而忽视掉这些具体施工因素的影响,将使得岩土工程反分析失去工程意义。

根据龚晓南[12]的调查和分析,岩土工程数值方法仅可用于复杂岩土工程问题的定性分析中。为此他建议,建立岩土本构模型可分为两类,即科学性模型和工程适用类模型,笔者支持这种观点。

所谓工程适用类模型,即指为解决工程界常见的理论和实际问题而设计,即根据工程类别(如基坑工程、地基基础工程等)和场地土性特点,在概化土层地质条件、明确场地几何条件、荷载条件及介质(土层)条件等基础上运用经验法或解析法建立模型进行岩土工程反分析。笔者提出,利用已有监测数据(沉降资料),采用专家经验与解析法结合对基础工程、基坑工程的变形参数及力学指标进行反分析,以期取得有关变形和力学参数。该反分析方法应与专家决策法(或经验法)结合,才能得到比较正确的反映整个岩土系统中某个或多个力学参数的代表值。通过对类似场地的多个项目的反分析,通过不断地勘察设计经验积累和比较分析,才能形成正确的经验和观点,为类似场地变形和力学指标选用提供一定的借鉴作用。

# 8.2 基坑工程反分析

利用已有支护结构的监测数据(如沉降资料),运用专家经验法先对各层土的力学指标进行初选及地质边界条件进行概化,结合解析法对基坑工程中各层土的力学指标进行反分析,以取得有关力学参数。该反分析方法应与专家决策法(或经验法)结合,才能得到比较正确的反映整个岩土系统中某个或多个力学参数的代表值(特征值)。

经查阅,对基于基坑支护选型中常用的桩锚支护结构反分析文献较少。1998年王旭东等[14]对基坑工程中地基土水平抗力比例系数 $m$ 值进行了反分析;朱合华等[15]对深基坑工程动态施工进行反演分析,反演了上海地区土层的弹性模量系数。杨敏等[16]对上海某基坑地下连续墙支护工程中的实测位移反分析地基土水平抗力比例系数 $m$ 值。2001年李文彪等[17]利用人工神经网络对土性参数中的压缩模量初始弹性模量进行了反分析。2004年李国尉等[18]考虑施工扰动因素利用修正的剑桥模型对基坑工程土性参数中的初始弹性模量进行了反分析。2006年何伟等[19]运用有限元结合正交神经网络对土体参数的压缩模量进行了反演分析。2011年王春波等[20]根据实测资料利用FLAC分析软件与BP神经网络反分析方法对土体力学参数的弹性模量和泊松比等进行了反分析。2014年徐中华利用结合Ucode和Abaqus有限元软件根据实测的围护结构变形资料反演弹性地基中的 $m$ 值。

综合上述文献,可以看到对郑州东区桩锚支护结构中的抗剪强度指标的反分析,目前尚未见到有关文献。鉴于郑州东区土体抗剪强度指标在桩锚支护结构中的关键或重要作用,同时因场地存在着地层结构的多层性、同一层横向变化的不均匀性、取样及运输的扰动及试验方法等因素,要比较准确地确定该指标显然难度很大,同时也十分必要。

## 8.2.1 反分析思路

下面以郑州东区某基坑工程为例,说明基坑工程的反分析问题,思路如下。

### 8.2.1.1 概化边界条件(地质条件)

仍以本书第5.3部分工程案例加以说明。

将基坑桩锚支护结构中支护桩影响范围内的多层工程地质层概化为三大工程地质段即第Ⅰ段粉土层(0~7.0 m)、第Ⅱ段粉质黏土层(7.0~19.0 m)、第Ⅲ段粉细砂层(19.0~29.0 m)。

### 8.2.1.2 抗剪强度指标初选

采用直方图法和均方差法、图标法与专家经验法结合的综合方法对上述三大工程地质层的抗剪强度指标进行统计和初选,得到反映其工程地质特征的抗剪强度指标范围值。

通过室内土工试验获得的各个工程地质层的抗剪强度指标通常离散性大,具有较大的波动性。但数据虽有波动也存在一定的规律性,即这些数据往往集中于某一区间。这个趋于稳定的数据段即为该组数据的代表值,该段数据的组数与总的统计数据的比值即为其概率。在岩土工程领域最常用的数据统计方法为直方图法、正态分布法、点位分布法以及专家经验法。

#### 8.2.1.3 利用基坑软件计算与分析

利用理正深基坑软件,假定已有几何条件及护坡桩、锚索不变的前提下,输入不同的 $c$、$\varphi$ 值,得到相应的内、外弯矩、剪力及桩体位移和地面沉降值,并列表比较。

#### 8.2.1.4 实测值与理论计算比较

将实测的桩体位移、地面沉降值及桩体配筋等参数与理论计算结果比较,得到反映本场地实际的抗剪强度指标。

## 8.2.2 反分析过程概述

#### 8.2.2.1 各层土抗剪强度指标的初选

1. 利用直方图法确定

在确定组数、极差、组距的基础上,将样本量按照左闭右开从小到大排列,得到一串新的数列,并列出该数列中每组数据所代表的组数和频率,通过累计计算就可得到反映该组数列代表值的不同概率。以该组数列为横轴,以频数为纵轴,就可得到频数或频率分布直方图。显然,当数据不断增多时阶梯形的直方图将逐渐变成一条光滑曲线。

2. 正态分布法

正态分布法也称为高斯分布,其概率密度函数如下:

$$f(x) = \frac{1}{\sigma\sqrt{2\pi}}\exp\left[-\frac{1}{2}\left(\frac{x-\mu}{\sigma}\right)^2\right] \tag{8-1}$$

式中:$\mu$ 和 $\sigma$ 分别表示平均值和标准差,正态分布记为 $N\sim(\mu,\sigma)$,表示均值为 $\mu$,标准差为 $\sigma$ 的正态分布。

同时,利用 Grubbs 准则剔除明显异常值或非代表性数据。统计结果见表 8-1、表 8-2。抗剪强度指标 $K$—$S$ 检验结果见表 8-3。

表 8-1 抗剪强度指标结果

| 参数 | | 土层 | | | | | | |
|---|---|---|---|---|---|---|---|---|
| | | ②<br>粉土 | ③<br>粉土 | ④<br>粉土 | ⑤<br>粉土 | ⑥<br>粉质黏土 | ⑦<br>粉土 | ⑧<br>粉质黏土 |
| 直剪内摩擦角 $\varphi(°)$ | 样本量 | 6 | 6 | 8 | 8 | 6 | 6 | 6 |
| | 范围区间 | 10.5~24.0 | 13.0~22.5 | 14~24.5 | 18.1~24.4 | 10~17.8 | 11.1~25.0 | 12.0~19.6 |
| | 平均值 | 19.9 | 17.5 | 22.4 | 22.5 | 12.3 | 22.9 | 17.4 |
| | 变异系数 | 0.185 | 0.247 | 0.142 | 0.222 | 0.328 | 0.253 | 0.268 |
| 直剪黏聚力 $c(\text{kPa})$ | 样本量 | 6 | 6 | 8 | 8 | 6 | 6 | 6 |
| | 范围区间 | 10.2~22.0 | 16~23.2 | 12.5~22.3 | 12.1~20.6 | 18~29.2 | 13.5~23.3 | 17~25.6 |
| | 平均值 | 18.2 | 16.5 | 15.6 | 15.3 | 26.0 | 16.7 | 18.4 |
| | 变异系数 | 0.215 | 0.151 | 0.206 | 0.203 | 0.280 | 0.243 | 0.321 |

表 8-2　第 I 段和第 II 段中各工程地质层抗剪强度指标统计结果

| 参数 | | 土层 | |
| --- | --- | --- | --- |
| | | 第 I 段粉土层 | 第 II 段粉质黏土层 |
| 直剪内<br>摩擦角<br>$\varphi(°)$ | 样本量 | 28 | 12 |
| | 范围区间 | 10.5 ~ 24.4 | 10.0 ~ 19.6 |
| | 平均值 | 19.6 | 15.5 |
| | 偏度系数 | − 0.426 | − 0.614 |
| | 峰度系数 | − 0.548 | − 1.017 |
| | 变异系数 | 0.199 | 0.251 |
| 直剪<br>黏聚力<br>$c(\mathrm{kPa})$ | 样本量 | 28 | 12 |
| | 范围区间 | 10.2 ~ 23.2 | 17.0 ~ 29.2 |
| | 平均值 | 14.4 | 20.4 |
| | 偏度系数 | − 0.587 | − 0.420 |
| | 峰度系数 | − 0.091 | − 1.075 |
| | 变异系数 | 0.185 | 0.311 |

表 8-3　抗剪强度指标 $K—S$ 检验结果

| 力学指标 | 概率模型 | 第 I 段 | 第 II 段 |
| --- | --- | --- | --- |
| 黏聚力 $c$<br>（kPa） | 正态分布 | 0.997 | 0.703 |
| | 对数正态分布 | 0.902 | 0.533 |
| 内摩擦角 $\varphi$<br>（°） | 正态分布 | 0.947 | 0.522 |
| | 对数正态分布 | 0.950 | 0.358 |

从统计的峰度系数来看,所有参数的峰度系数都小于 0,表现出的是低峰态分布,峰度系数均为负数,说明样本量不是非常集中,有比正态分布更短的尾部。

$K—S$ 法为一种适用于样本数较少情况下的概率分布类型检验方法。由表 8-3 得出渐近显著性概率值大于我们一般的显著性水平 0.05,则认为抗剪强度指标频数服从正态分布。但是从统计表 8-2 中可以看出偏度系数值均小于零,说明数据关于平均值偏左分布,抗剪强度指标可以接受正态分布和对数正态分布。

第 I 段和第 II 段的频率分布直方图分别见图 8-1 和图 8-2。

从频率分布直方图可以大致地判断出抗剪强度指标基本服从正态分布或对数正态分布。

从以上统计分析可知:

(1)第 I 段中粉土层抗剪强度指标黏聚力在 16 ~ 24 kPa 的概率为 82%;内摩擦角 $\varphi$ 在 17° ~ 22° 的概率为 73%。

(2)第 II 段粉质黏土层抗剪强度指标黏聚力在 15 ~ 30 kPa 的概率为 84.6%;内摩擦角

$\varphi$ 在 $12°\sim 20°$ 的概率在 $91\%$。

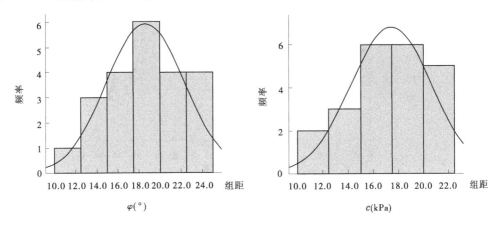

图 8-1 第 I 段粉土层抗剪强度指标频率分布

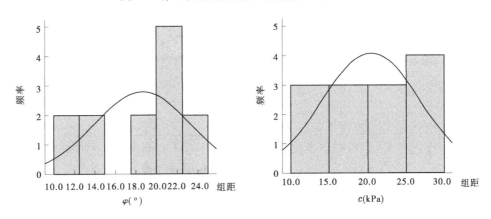

图 8-2 第 II 段粉质黏土层抗剪强度指标频率分布

3. 点位分布法

第 I 段粉土层黏聚力和内摩擦角点位分布曲线见图 8-3。第 II 段粉质黏土黏聚力和内摩擦角点位分布曲线见图 8-4。

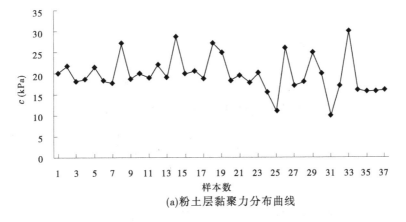

(a)粉土层黏聚力分布曲线

图 8-3 第 I 段粉土层抗剪强度指标点位分布曲线

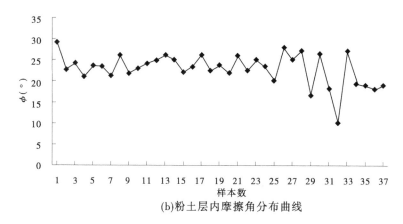

(b)粉土层内摩擦角分布曲线

续图8-3

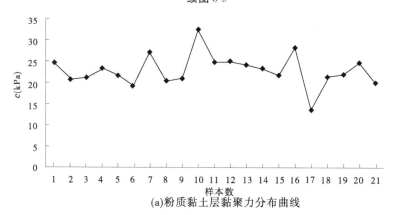

(a)粉质黏土层黏聚力分布曲线

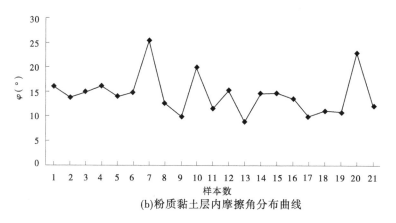

(b)粉质黏土层内摩擦角分布曲线

**图8-4 第Ⅱ段粉质粘土层抗剪强度指标点位分布曲线**

由图8-3、图8-4可以看出,第Ⅰ段粉土层的黏聚力大概在16~20 kPa范围内,内摩擦角大概分布在20°~24°范围内;第Ⅱ段粉质黏土层的黏聚力大概在20~25 kPa范围内,内摩擦角在12°~15°范围内。

4.专家经验法

岩土工程参数具有地域性特点,因此专家经验法就显得比较重要。对本地区各层土的$c$、$\varphi$值的认识也需要专家进行判断分析,具体参数建议值见表8-4。

表 8-4　不同方法确定结果对比

| 参数 | | 直方图法 | 正态分布法平均值 | 点位分布法 | 专家经验法初选值 |
|---|---|---|---|---|---|
| 第Ⅰ段粉土层 | 黏聚力 $c$(kPa) | 16~24 | 17.4 | 16~20 | 16~20 |
| | 内摩擦角 $\varphi$(°) | 15~22 | 18.6 | 20~24 | 18~22 |
| 第Ⅱ段粉质黏土层 | 黏聚力 $c$(kPa) | 15~30 | 20.4 | 20~25 | 20~25 |
| | 内摩擦角 $\varphi$(°) | 12~20 | 18.5 | 12~15 | 12~16 |

#### 8.2.2.2　基坑软件计算与分析

利用理正深基坑支护软件计算在输入不同的抗剪强度值得到的桩顶位移与地表沉降值。

1. 基础条件假设

(1)概化工程地质层:选取合适的抗剪强度指标,见表 8-5。

表 8-5　不同抗剪强度指标取值表

| 组号 | 取值 | 组号 | 取值 |
|---|---|---|---|
| 第 1 组 | 粉土段 $c=15$ kPa,$\varphi=18°$ 粉质黏土段 $c=25$ kPa,$\varphi=14°$ | 第 2 组 | 粉土段 $c=15$ kPa,$\varphi=20°$ 粉质黏土段 $c=25$ kPa,$\varphi=16°$ |
| 第 3 组 | 粉土段 $c=15$ kPa,$\varphi=22°$ 粉质黏土段 $c=25$ kPa,$\varphi=18°$ | 第 4 组 | 粉土段 $c=15$ kPa,$\varphi=24°$ 粉质黏土段 $c=25$ kPa,$\varphi=20°$ |

(2)超载值设计:超载为 20 kPa。

(3)支护桩设计参数见表 8-6。

表 8-6　支护桩设计参数值

| 桩径(mm) | 桩长(m) | 主筋 长度(m) | 加强筋 规格 | 加强筋 间距 | 箍筋 规格 | 箍筋 间距 | 标高(m) | 间距(m) |
|---|---|---|---|---|---|---|---|---|
| Φ500 | 12.5 | 12.5 | Φ12 | 2.0 | Φ8 | 0.20 | −5.0 | 1.2 |
| 施工要求 | 主筋预留 500 mm 伸入冠梁,浇筑混凝土标号 C25,自然地面标高为 ±0.000 m。 | | | | | | | |

桩顶冠梁设计:桩顶冠梁截面积 600×600,浇筑混凝土 C25,配筋 6 Φ18,箍筋 Φ8@200、加强筋 Φ12@2 000。

(4)预应力锚索设计参数见表 8-7 所示。

表 8-7　预应力锚索设计参数

| 锚桩钻孔 排数 | 锚桩钻孔 孔深(m) | 锚桩钻孔 孔径(mm) | 锚桩施加预应力(kN) | 钢绞线 规格 | 钢绞线 长度(m) | 钢绞线 根数(束) | 标高(m) 自然地面为 ±0.000 m | 间距(m) |
|---|---|---|---|---|---|---|---|---|
| 第Ⅰ排 | 24.2 | 400 | 250 | 7Φ5 1 860 | 25.5 | 3 | −5.5 | 2.4 |
| 第Ⅱ排 | 21.2 | 400 | 200 | | 22.5 | 3 | −8.0 | |

2.模拟计算分析

在其他参数不变的情况下改变内摩擦角可得出不同的计算结果。采用4组不同的抗剪强度指标对周围地表沉降量,桩顶位移,基坑内外侧的弯矩、剪力等进行对比分析。

(1)地表沉降量计算结果分析。

开挖基坑时由于土的突然卸荷,会导致周围的土体发生塑性流动。导致地表沉降的主要原因是土体向基坑的内部和底部流动。在基坑支护设计时采用不同的抗剪强度指标也会影响周围土体的沉降量。本书对不同的内摩擦角取值产生的沉降量进行分析,具体计算结果见表8-8。

表8-8 地表沉降量计算结果

| 项目 | 三角形法(mm) | 抛物线法(mm) |
| --- | --- | --- |
| 第1组 | 28.0 | 19.0 |
| 第2组 | 26.0 | 18.0 |
| 第3组 | 23.0 | 16.0 |
| 第4组 | 21.0 | 14.0 |

内摩擦角的变化对地表沉降量的影响曲线,如图8-5所示。

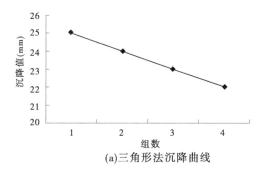

(a)三角形法沉降曲线

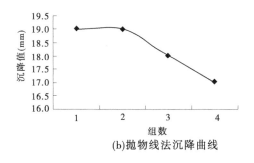

(b)抛物线法沉降曲线

图8-5 地表沉降量内摩擦角变化曲线

由图表可以看出,随着内摩擦角的增大,三角形法沉降曲线中,地表沉降量逐渐减小,呈线性递减;内摩擦角每提高2°三角形法沉降量减少约1.2 mm,而抛物线法在第Ⅰ段内摩擦角取20°,第Ⅱ段取16°时开始减少1 mm,呈递减趋势。所以,三角形法比抛物线法对内摩擦角的反应更敏感些。

（2）桩顶位移计算结果。

由表 8-9、图 8-6 可知,随着内摩擦角的增大,桩体最大位移和桩顶位移逐步减小,内摩擦角每提高 2°,桩体最大位移减少约 2 mm,桩顶位移逐步减小 1.4~2.0 mm。

表 8-9　桩顶位移计算结果

| 项目 | 桩体最大位移(mm) | 桩顶位移(mm) |
|---|---|---|
| 第 1 组 | 28.4 | 8.8 |
| 第 2 组 | 24.3 | 6.9 |
| 第 3 组 | 22.6 | 5.9 |
| 第 4 组 | 20.4 | 4.5 |

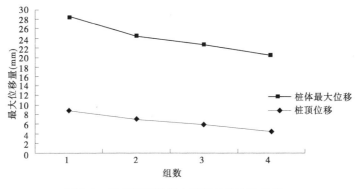

图 8-6　地表沉降量随内摩擦角的变化曲线

（3）内力计算结果对比分析。

由表 8-10、图 8-7 可知,随着基坑土体内摩擦角的增大,基坑内外侧最大弯矩和剪力均呈逐渐减小的趋势,即提高土层抗剪强度指标可降低基坑内侧、外侧的最大弯距值和剪力值。以弹性法为例,内摩擦角增大 4°~6°,基坑内侧最大弯矩减少约 12%,基坑外侧最大弯矩减少约 20%,剪力减少约 17%。

表 8-10　内力计算结果

| 项目 | 弹性法 | | | 经典法 | | |
|---|---|---|---|---|---|---|
| | 基坑内侧<br>最大弯矩<br>(kN·m) | 基坑外侧<br>最大弯矩<br>(kN·m) | 最大剪力<br>(kN) | 基坑内侧<br>最大弯矩<br>(kN·m) | 基坑外侧<br>最大弯矩<br>(kN·m) | 最大剪力<br>(kN) |
| 第 1 组 | 228.14 | 150.76 | 175.08 | 347.36 | 360.20 | 248.20 |
| 第 2 组 | 205.70 | 132.47 | 168.90 | 433.20 | 321.60 | 239.00 |
| 第 3 组 | 189.60 | 120.55 | 156.91 | 319.82 | 294.74 | 228.32 |
| 第 4 组 | 168.42 | 105.08 | 146.29 | 305.96 | 267.73 | 209.80 |

由图 8-7 也可以看出,弹性法和经典法的计算结果趋势相同,但数值上有一定的差别,尤其外侧弯矩差别很大,后者是前者的 3 倍左右。由此给我们这样的启示:弹性法和经典法两种方法不存在绝对对错和优劣问题,只是假设条件不同。经典法的诸多假定,如锚杆处假

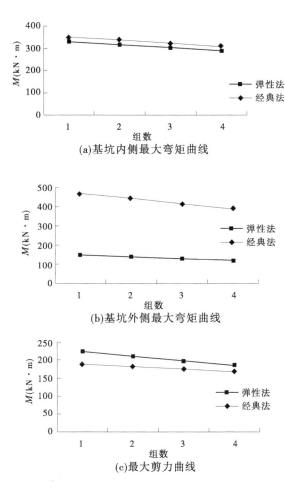

(a)基坑内侧最大弯矩曲线

(b)基坑外侧最大弯矩曲线

(c)最大剪力曲线

图8-7 内力随内摩擦角变化曲线

设成支座,被动土压力为定值,不考虑变形等因素,使得计算结果比弹性法结果偏大。

(4)内摩擦角变化对配筋的影响。

由表8-11可以看出,随着内摩擦角的增大,桩纵筋的配筋根数减少,即内摩擦角增大4°~6°,配筋量可减少约14%。

表8-11 桩纵筋计算结果

| 项目 | 桩纵筋实配值 | [计算]面积(mm²) |
|---|---|---|
| 第1组 | 16 Φ 22 | [6 082] |
| 第2组 | 15 Φ 22 | [5 701] |
| 第3组 | 14 Φ 22 | [5 321] |
| 第4组 | 16 Φ 20 | [5 027] |

### 8.2.2.3 实测变形、配筋量比较

由表8-12可知,本工程实际配筋为3 537 mm²,与第4组理论配筋比较接近,但仅为其70%(与第一组配筋量比较为其58%);从桩顶位移和地表沉降量比较,沿基坑周边实测值

与第2、第3、第4组估算的理论值也比较接近。综合分析后认为,本工程采用第3组抗剪强度指标计算结果与实际接近。

表 8-12　桩实测变形、配筋与理论计算比较

| 项目 | 桩顶位移<br>（mm） | 地表沉降量<br>抛物线法（mm） | 计算或实际配筋量<br>（mm²） |
| --- | --- | --- | --- |
| 第3组 | 5.9 | 18 | 14 ⏀ 22 或 5 321 |
| 第4组 | 4.5 | 17 | 16 ⏀ 20 或 5 027 |
| 实际或实测值 | 0 ~ 5.8 | 12 ~ 15 | 12 ⏀ 22 或 3 538 |

# 8.3　小　结

通过上述试算中抗剪强度指标对桩锚支护的影响分析发现,内摩擦角每增大2°,会对支护结构造成不同程度的影响:内摩擦角每增大2°,地表沉降量减少约1 mm,三角形法较抛物线法更敏感些;基坑内侧最大弯矩和最大剪力随内摩擦角的增大逐渐减小,说明提高土层的抗剪强度指标可降低基坑内侧的最大弯距值和剪力值。第Ⅰ段和第Ⅱ段地质层的内摩擦角的增大幅度相同时,两种方法的内外侧弯矩和剪力的减小幅度不同。其工程意义如下:

(1)本工程实际配筋为开挖面采用6根直径22 mm钢筋(6 ⏀ 22),挡土面采用4根直径20 mm钢筋(4 ⏀ 20 mm),纵筋配筋量为3 537 mm²,与第4组理论配筋比较接近;从桩顶位移和地表沉降量比较,沿基坑周边实测值与第2、第3、第4组估算的理论值也比较接近。在具体抗剪指标选取方面,既要考虑施工前指标的代表性问题(各层数据的代表性、试验方法的不同),更要考虑当地的施工水平(质量、技术和管理、协调)等因素。综合分析后认为,本工程采用第3组抗剪强度指标计算结果与实际接近,即粉土段 $c = 15$ kPa、$\varphi = 22°$,粉质黏土段 $c = 25$ kPa、$\varphi = 18°$,更接近工程实际。

(2)以实际配筋量估算,在类似基坑工程中桩径多为直径600 mm,间距1.2 m,工程中配筋量多为14根直径22 mm,纵筋配筋量为5 321 mm²,与类似地层、类似深度基坑配筋量相比,节省配筋量约33.5%,即相当于每根桩约4根主筋(桩长12.5 m),每根桩节约147 kg,按照西侧和南侧长度326 m计,桩间距1.2 m,则需要297根支护桩,累计节约钢筋量43.6 t,按当年价格5 500 元/t计算,相当于节约24 万元。应该说对桩锚支护结构而言,优化各层土的抗剪强度对节约支护成本意义重大。

## 参 考 文 献

[1] 刘怀恒.地下工程位移反分析——原理、应用及发展[J].西安矿业学院学报,1988(3):1-11.

[2] 杨林德,等.岩土工程问题的反演理论与工程实践[M].北京:科学出版社,1996.

[3] 王芝银,杨志法,王思敬,等.岩石力学位移反演分析回顾及进展[J].力学进展,1998(4):488-498.

[4] 吉林,赵启林,冯兆祥,等.岩土工程中反分析的研究进展[J].水利水运工程学报,2002(4):57-63.

[5] 吴立军,刘迎曦,韩国城.多参数位移反分析优化设计与约束反演[J].大连理工大学学报,2002(4):413-418.

[6] 龙潜.岩土工程反分析方法研究现状与若干问题探讨[J].西部探矿工程,2014,26(2):29-30,33.

［7］ 刘勇健,李子生.岩土工程位移反分析的智能反演综述［J］.地下空间,2004(1):84-88,141.

［8］ 郭艳华,郭志昆.岩土工程反分析的初步探讨［J］.四川建筑科学研究,2006(3):105-108.

［9］ 陈方方,李宁,张志强,等.岩土工程反分析方法研究现状与若干问题探讨［J］.水利与建筑工程学报,2006(3):54-58.

［10］ 武晓晖,宋宏伟.岩土工程反分析法的应用现状与发展［J］.矿业工程,2003(5):29-33.

［11］ 徐晓宇.岩土工程数值分析中反分析方法探讨［J］.山西建筑,2011,37(14):47-49.

［12］ 龚晓南.对岩土工程数值分析的几点思考［J］.岩土力学,2011,32(2):321-325.

［13］ 谢晓健,蒋永生,陈忠范,等.深基坑支护结构的反演分析与实测研究［J］.工业建筑,2000(3):12-16.

［14］ 王旭东,黄力平,阮永平,等.基坑工程中地基土水平抗力比例系数 $m$ 值的反分析［J］.南京建筑工程学院学报,1998(2):50-56.

［15］ 朱合华,杨林德,桥本正.深基坑工程动态施工反演分析与变形预报［J］.岩土工程学报,1998(4):33-38.

［16］ 杨敏,熊巨华,冯又全.基坑工程中的位移反分析技术与应用［J］.工业建筑,1998(9):2-7.

［17］ 李文彪,刘冬梅,胡世丽.人工神经网络在深基坑开挖土性参数反分析的应用［J］.岩土工程技术,2001(4):187-189,211.

［18］ 李国蔚,李文彪.基坑工程土性参数反分析及变形预报［J］.重庆交通学院学报,2004(4):54-56.

［19］ 何伟,杨开云,翟继红,等.基于正交试验设计的深基坑岩土力学参数反分析［J］.铁道建筑,2006(5):34-36.

［20］ 王春波,丁文其,王军.深基坑工程土层参数反分析方法探讨研究［J］.地下空间与工程学报,11,7(S2):1638-1642.

［21］ 庞玉玲.郑东新区场地土的抗剪强度指标对桩锚支护结构的影响研究［D］.郑州:河南工业大学,2015.